自然传奇丛书

电的传奇

杜金峰　刘杰◎编著

·上海科学普及出版社·

图书在版编目（CIP）数据

电的传奇 / 杜金峰，刘杰编著 . — 上海 : 上海科学普及出版社 , 2013.1（2024.3 重印）
（自然传奇丛书）
ISBN 978-7-5427-5666-4

Ⅰ . ①电… Ⅱ . ①杜… ②刘… Ⅲ . ①电—普及读物 Ⅳ . ① O441.1-49

中国版本图书馆 CIP 数据核字 (2013) 第 007465 号

责任编辑：胡　伟

自然传奇丛书
电的传奇
杜金峰　刘杰　编著
上海科学普及出版社出版发行
（上海中山北路 832 号　邮政编码 20070）
http: //www. pspsh. com

各地新华书店经销　天津旭丰源印刷有限公司印刷
开本 787 × 1092　1/16　印张 10　字数 181 400
2013 年 3 月第 1 版　2024 年 3 月第 2 次印刷

ISBN 978-7-5427-5666-4　定价：38.00 元

前 言

电闪雷鸣是自然界中一种很常见的现象，从远古时代开始，人类就从对雷电的认识中开始了对电这种东西的不断探索。在漫长的历史时期内，因为科学技术发展的限制，人们无法全面细致地了解地球上无处不在的电现象，人们对于雷电的感觉，只用威力巨大、飘忽不定、转瞬即逝这几个词语来概括，因此，在人类的语言与文化中，电往往成了速度快、飘忽不定的一个代名词。

中国古代产生了很多带有电字的词语，它们丰富了我们汉语的构词，已经成为了中国古典文化中的一个部分。这些极富表现力的词语出现在不同的文学典籍里，体现了中国古代文人超凡的想象力与惊人的才华。

同时，神秘莫测的电现象还被人们和神明联系起来。在古人眼里，神明一方面有伟大的神力，像闪电那样拥有巨大的能量，另一方面，神灵的脾气也是一般人难以捉摸的，就像雷电那样变幻莫测。因而，人们对于电和神明的遐想就构成了人类早期文明里的一道独特的文化景观。

时间进入近现代时期，科学技术从神学里解放出来，为了弄清自然的奥秘，很多科学家付出了艰辛的努力。在一代代人的努力下，人们终于明白，电荷的流动产生了电流，电可以被储存和利用。从此，电开始揭下了它神秘的面纱，渐渐走入人们的生活，为我们提供能量，给我们带来光明，并使得我们的生活变得如此多姿多彩。

本书将从自然科学、历史文化与日常生活的角度把人类和电的故事详细地介绍给大家，相信大家能够通过这本书对电的各种自然现象有一个全面的了解与把握。

目 录

传奇一

不似诗人彻底知——起源探索

1 古籍记载

娓娓道来

如果没有了电，会怎么样呢？如果没有了电，不会再有明亮的电灯为我们照明，也不会有电视节目能让我们消遣，更不会有电脑成为我们的助手……这些我们简直无法想象。但你可知道古人在没有电的情况下过的是怎样的生活么？其实古人也是知道电的，他们最早接触的是闪电，可是闪电是怎么形成的？这个问题令古人百思不得其解。对于电这种会时不时发生的自然现象，没有先进科学知识的古人除了敬畏就是害怕。早在远古时期，这种自然现象就被看成人类的一个难对付的敌人：当文字出现后，那些文官就记录下来，成为今人参考的史料。

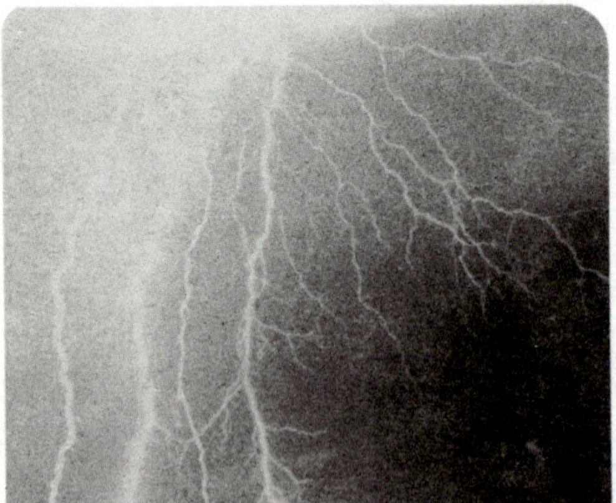

闪电

闪电是人类最早认识的一种电。对闪电的记载有很多。在我国东周时代《庄子》对雷电产生的原因有这样描述："阴阳分争故为电，阳阴交争故为雷，阴阳错行，天地大骇，于是有雷、有霆"。除此之外，古文中还有雷电杀人的记录。在《续晋阳春秋》上有这样的记述："太元五年，霹雳含殿四柱，杀内侍二人。"还有《晋中兴书征祥说》上的记述："元兴三年，永安王皇后至住巴防，将设威仪入宫，天大雷震，人马多死。”

雷电还能够毁坏建筑。古代文献中对雷电灾害的记载可谓多如牛毛。这只是冰山一角。古代的宫殿都没有避雷设施，较容易成为雷电攻击的对象。迷信的古人认为被雷击是天谴的结果。而如果百姓有异议，就会动摇皇帝至高无上的地位，这又成为雷电受重视的另一个原因。

汉代许慎在《说文解字》中写道：“电，阴阳激耀也。”雷电是很有力量和破坏性的。贾山的《至言》中这样写道：“雷霆之所击，无所不摧折者”。还有大家熟悉的诗人李白的《梦游天姥吟留别》吟唱道：“列缺霹雳，丘峦崩摧，

宫殿

洞天石扉，訇然中开”。我们在佩服诗人的奇谲的想象力的时候，也会感受到古代雷电的力量。古人崇拜这种力量也是其受重视的一个原因。

李白塑像

视角延伸

古人的防雷方法

古人的防雷方法在经历了多次雷电的袭击后以及参考前代的经验后，古人也想出了避雷电灾害的方法，古文中有这样的记录。如南北朝的孟奥《北征记》中有：“凌云台南角一百步，有白石室，名避雷室。”我们无法复原这个避雷室的原貌，但可以从这些简单的记录中窥见古人的应对方法。还有盛弦之《荆州记》中记述：“湖阳县春秋蓼国，樊重之邑也，重母畏雷，为石室避之，悉以文石为阶砌，今犹存。”书中说的白石和文石其实是绝缘性能较好的石块。“雷公柱”则是宋、元、明、清代的建筑物常用的避雷措施。

自古以来，雷电就是一起出现的，说到闪电不得不说打雷。而有时雷和电又混为一谈。总之，雷电很早就被古人记载，不管记载的是雷还是电，都显示古人对雷电产生原因的探索精神。

2 雷公与电母

娓娓道来

古代的神话故事里有风神雨神山神地神，同样也有雷神。出现雷电就好像是末日到了，参天大树被雷劈倒了，到处燃着天火，边下雨边着火，空气中弥漫着肉体烧焦的气味，先人们苦不堪言。先人们无法解释这种现象，在极度恐怖中想到了一个最合理的解释：这是天上的雷公在发怒，惩罚我们呢。

神话传说中的雷公

雷公长什么模样，人们其实并不知道，只是见过氏族首领生气发怒就是这个样子。于是人们就这样推理：打雷闪电就是雷公发怒。可是雷公为什么要发怒？人类做了什么事激怒了雷公？于是人类开始反省思考，在思考过程中，对是非善恶有了认识，也促进了人类的进化。可雷公到底是什么样子的呢？早期神话故事里雷公的模样其实有点像兽、像鬼……无论外貌怎么变化，但他的职责并未改变，仍然是“状若力士，背插双翅，额生三目……能辨人间善恶，代天执法”。后人又改为“龙身人头，鼓其腹则雷”。再后来便更是人的模样了。

古人对雷神崇拜的同时又将其世俗化。古人在故事中为雷公找了配偶：电母——俗称雷婆，电神在民间又称金光圣母。雷公管打雷，雷婆主管闪电，分工明确，相伴相随。

不过，雷公发怒其实是为了给雷婆出场造势，有能力的还是雷婆。雷婆掌管着有巨大能量的电。用得好，可以风调雨顺，用不好，天火连绵，人类遭殃。

电母形象

视角延伸

雷神的产生和西方的雷神

在远古的年代，对于那些给人类带来灾难的可怕自然现象，古人既害怕又好奇，他们想了又想，用所知的知识怎么也解释不了那些现象。最终根据各种生物的样子造出了有无限能力的神。这些神比人类高大英勇而且还充满智慧。我们可以推论这是古人对力量和智慧崇拜的表现，以及迫切想改变自己生存环境，过上幸福生活的美好愿望。不论东方的神还是西方的神大概都是这样产生的。

那西方有没有管雷电的神呢？如果有，那西方管雷电的神也有两个么，他们也是夫妻吗？既然人类对于自己无法解释的现象都归于神力，那西方肯定也有神。不过比起中国的神，外国的神更具有人情味，他们也有人类的七情六欲。我们这里的主人公就是一个充满人性的天神，他的一个特点就是好色，天上本来就有美丽的妻子，还要下界去找凡人成婚。他就是西方神话中第三任天神——宙斯，掌管众神，可以说是神界中的老大。能当上老大，必须有盖世的武功和无双的兵器。宙斯的武器是“雷霆”。谁要是不服他管，一个霹雳就可以把对手劈成两半。而且这个招式极其华丽，一发招，天空就会出现几道令人睁不开眼的闪电，再加上震耳欲聋的雷声，无人不害怕，无人不恐惧。看来中西方对雷电这个现象心里都是恐惧的。

3 电的发现

你可曾注意过，当起床洗漱梳头的时候，你听到的噼噼啪啪的声音？当你睡觉前脱衣的时候，你是否对那许多微小而跳跃的火花充满好奇？小学老师说他是魔术师，拿支铅笔在头上摩擦一会儿，然后就可以用它吸起课桌上的碎纸屑。这些都和电有关系，虽然它们对于现代人不足为奇，但对于古人来说可以称得上难解的谜……

娓娓道来

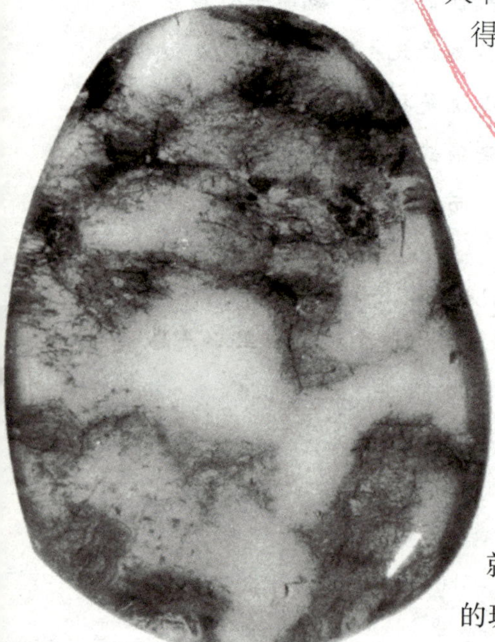

琥珀

故事发生在2500多年前的古希腊。有个叫塞利斯的人，有一天他在一棵树下发现了一块琥珀（琥珀是数千万年前的树脂被埋藏于地下，经过一定的物理化学变化后形成的一种树脂化石），那上面有一些泥土，他就用毛皮去擦拭。这时，他发现这块被摩擦过的琥珀竟然可以吸起绒毛、毛发、枯草等非常轻小的东西。

塞利斯欣喜异常，他又发现了奇怪的东西！可是他苦思冥想也想不出产生这个现象的原因。他去问学问渊博的大师，结果大师也无法解释。人们就只好说："琥珀中存在一种特殊神力。"这就是古人口中的"电"。电在新拉丁语中拼写为"electricus"，就是类似琥珀的意思。

金刚石

在公元1600年，英国女王的御用医生吉尔伯特对这一现象的进一步解释作出了贡献。他兼有医生和科学家两种身份。但他对科学的兴趣远远大于医学。他用金刚石、蓝宝石、硫磺、明矾等样品做了一系列的摩擦实验，发现它们都像琥珀一样吸引轻小物体。他推断出：这不是琥珀的特性，而是一种普遍现象。后来，他把摩擦后可以吸引轻小东西的物体称作"带电体"，把这种吸

蓝宝石

引力称为“电力”。

继吉尔伯特之后，法国人杜伐又做了一些实验：他先用一块丝绸摩擦玻璃棒 A，然后把玻璃棒 A 挂起来。再用另一块丝绸摩擦玻璃棒 B，然后用玻璃棒 B 去靠近玻璃棒 A，发现玻璃棒偏离了原来的位置，即相互排斥。他又用毛皮摩擦松香，并用松香去靠近玻璃棒 A，发现松香和玻璃棒 A 靠在一起，即相互吸引。杜伐把玻璃棒经摩擦后可以吸引轻小物体的现象称为带电现象。把摩擦后的玻璃棒相互排斥的力看作是“玻璃电”（正电）；把摩擦后的松香与玻璃棒相互吸引的力看成是“松香电”（负电）。这就是同性电相吸、异性电相斥的理论产生的最早实验。

接下来，1745 年在普鲁士，一位副主教用一根导线把因摩擦产生的电引到了一个放满铁钉的瓶子里。当他的手触及铁钉的时候，立刻感受到一种急促而又强大力量的击打，随后又马上消失。这个人可以称得上是第一个被电

吉尔伯特

银箔纸

击的人了。一年后，荷兰人莱顿又做了一次实验。他的电力实验好像很强劲。他还做了一个以他名字命名的莱顿瓶。这个瓶子里外都贴了非常薄的银箔纸。他把摩擦起电的装置用一根导线和瓶内的银箔相连，瓶内就聚集了一定量的电。当用导线把内外的银箔相连时，就会发生放电现象，一路火花带声响，还有一股怪味道。

视角延伸

琥　珀

琥珀是数千万年前的松柏树的树脂被埋藏到地下，在长久的岁月中，经过一定的物理化学变化后形成的一种树脂化石，是一种有机的似矿物质。

琥珀的形状多种多样，一般呈透明的黄色、血红色、暗棕色，表面常保留着当初树脂流动时产生的纹路，内部经常可见气泡及古老昆虫或植物碎屑。既可入药，又能做装饰品。

4 电的身世之谜

娓娓道来

每天都会有数不清的物体映入眼帘。这些物体是由无数微小的粒子组成，而肉眼是无法看到的。电究竟是什么样的一种东西呢？让我们一起来认识一下。

要想知道电的本质必须了解物质的组成。物质是由分子或原子组成的，分子由原子组成，原子是由原子核和绕原子核旋转的电子组成的。原子核带正电荷，电子带负电荷。在原子的周围，有一些电子环绕着，就像环绕地球旋转的月亮一样。一旦原子与原子排列起来形成分子，电子就会像在花丛中飞舞的蜜蜂那样运动。

分子结构图

金属由金属原子构成，其核外

电子在金属晶体内自由无规则运动，在外部电场作用时电子会发生定向运动，这就是金属导电的现象，这称为“自由电子”。一旦它能朝确定的方向流动，便形成了电流。

我们可以这样理解，拿两个塑料盒子，都盛满水，一个放置得高一点，一个放置得低一点，并在位置高的水里滴几滴品红液体，这样利于观察。用一根水管把两个盒子从底部连接起来。在水管的中部安装一个阀门。当阀门处于关闭状态时，两个盒子的水面非常平静，但是由于盒子的高度不同，水面的高度也不同，这样就形成了水位差。而当阀门打开时，位置较高的盒子里的水就会流到位置较低的盒子里。我们就会看到有红色的液体流动，这可以称作水流。当高低不同的盒子的水位处于同一高度时，水就停止流动。电压相当于水位差，电流相当于水流，阀门就相当于开关，导线就好比水管。电流与电压有一定的关系，也与用电器有关。在阀门全打开时，水流的大小就由水管的粗细决定，管子越细，水流越小；管子越粗，水流也越大。与此类似，所能传输的电流的大小也取决于导线的粗细。

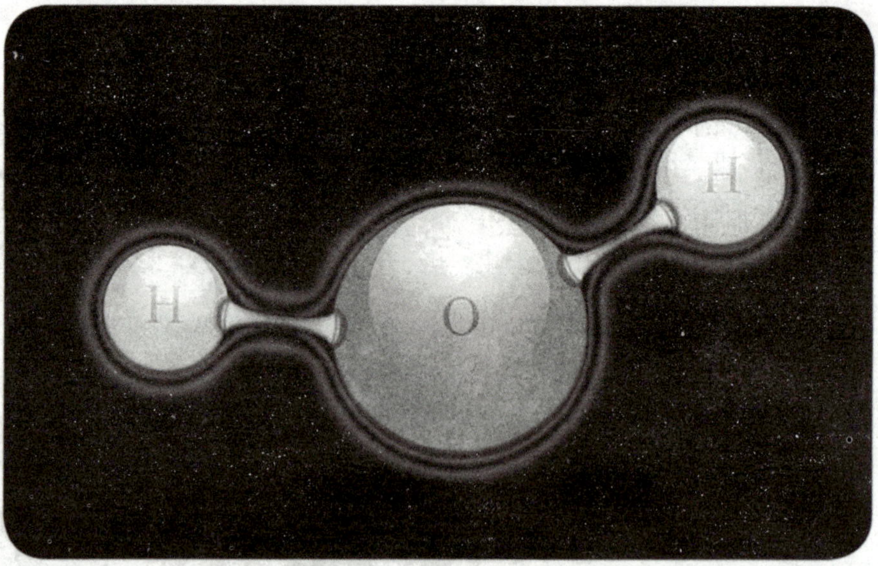

水分子结构

视角延伸

静　电

静电是电荷在物体上积聚而使物体形成带电体的现象，而电流是由电荷的定向移动形成的。在干燥的季节，人体活动时，由于摩擦，衣服也容易产生静电。为了防止静电的产生，室内要保持一定的湿度，在穿着上尽量运用纯棉布料，还可通过适量放电的方式防止静电产生。

5 捕捉天电——富兰克林

娓娓道来

这是关于本杰明·富兰克林的故事。我们一起来了解一下吧！

1746年，美国的波士顿，英国的一位著名学者利用玻璃管和莱顿瓶表演了已经成熟的电学实验。富兰克林对这个实验充满了极大的兴趣，并被这个刚刚兴起的科学深深吸引。不久，富兰克林就开始了他的电学探索。他证实了电的来源以及电在物质中存在的现象。在一次实验中，他的妻子丽德不小心碰倒了装电的莱顿瓶，然后就被一团电火花击中了，在床上躺了一个星期。富兰克林马上就联想到了空中的雷电。通过对比，他判定雷电也是一种放电现象，它在本质上和电学实验产生的电是一样的。于是，他写了一篇《论天空闪电和我们的电气相同》的文章寄到英国皇家学会，结果他成了“想把上帝和雷电分家的狂人”。但是富兰克林不是一个容易被打败的人，他决定捕捉雷电。

1752年7月的一天，富兰克林和儿子威廉带着一个绑着金属杆的风筝来到了很空旷的地方。富兰克林把风筝举过头顶，威廉拉着风筝线逆风而跑。风筝不一会儿就爬到了接近云层的地方。也就在那时，雷电大作，大雨瓢泼而下。富兰克林和儿子紧握着风筝线，焦急地等待着下一次闪电的到来。突然一道闪电在风筝上面闪过，富兰克林马上用手轻轻地捏了一下绑在风筝线上的铜钥匙，一种酥麻感立即传遍了富兰克林的身体。他高兴地大声呼喊："威廉，我被电击了。"然后，他把风筝线连在莱顿瓶上，雷电被"捉"到了。

回家后，富兰克林又做了大量实验，实验证明了雷电和摩擦起的电本质上是一样的，富兰克林也因这次实验而享誉国内外。

富兰克林的道具——风筝

视角延伸

富兰克林的其他贡献

富兰克林捉电不仅证明了他的理论，还破除了神学笼罩西方的乌云，动摇了专制统治的地位。但是富兰克林的功绩远远不止这些。

1753年，俄国著名的科学家利赫曼在实验中被电死。尽管很多科学家都想放弃危险的雷电实验，但富兰克林却反其道而行之，最终做成了一根实用的避雷针。他用绝缘体把铁杆做的避雷针固定在房顶上，并用一根导线使避雷针和大地相连。雷电可以通过避雷针经导线流入大地，房屋就安然无事。避雷针后来推广到了世界各地。

古老的中国似乎在富兰克林之前就有了避雷针。法国人的《中国新事》中这样描述："……当时，中国屋宇的屋脊两头，都有一个仰起的龙头，龙口吐出曲折的金属舌头，伸向天空，舌根连接着一根根细的铁丝，直通地下。这样奇妙的装置，在发生雷电的时候就大显神通，若雷电击中了屋宇，电流就会从龙舌沿线下行地底，不会破坏建筑。"

6 电磁理论先驱——奥斯特

娓娓道来

古希腊的自然哲学家泰勒斯被认为是世界上最早注意到磁现象的人，在万物有灵论学说的影响下，他断言："万物充满了神的意志，马格尼斯吸引铁是因为它有灵魂的缘故"。电和磁到底有没有关系呢？让我们一起来了解一下人们的探索过程吧！

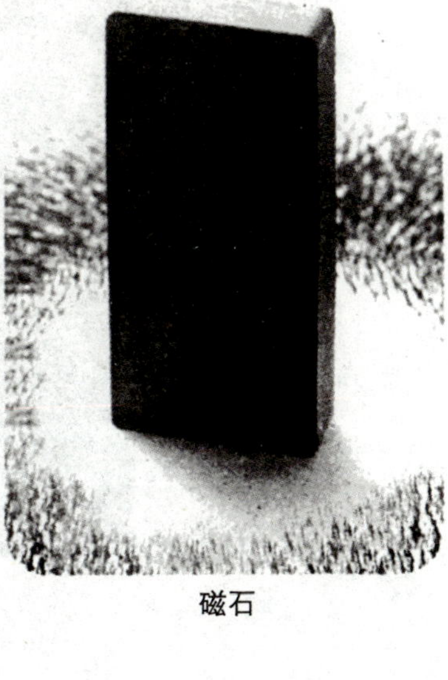
磁石

1600年，科学家吉尔伯特用磁石做实验，发现两块磁石能够相互吸引或排斥，通过深入研究，他发表了自己对磁现象的独特见解，但却错误地把物质有灵魂作为磁现象发生的根本原因。

直到1820年，丹麦的著名物理学家奥斯特的一个实验发现了电流的磁效应，才解释了磁现象的原因，也把人们从神学理论中推到了科学的轨道中来。

奥斯特认为自然界万物互相联系，因而断定电和磁之间存在联系，而当时的主流思想一直认为电和磁是没有关系的。不过有时真理却是掌握在少数人手中。

奥斯特为了让更多的人知道这一理论，做了很多努力。他在哥本哈根召开的关于电与磁的讲座中当场做实验，以便将深奥的电学知识传播给听众。

1820 年 4 月的一次讲座中，一个问题如电击一般击中奥斯特。也许前辈做实验的方向就错了，电流对磁体的作用方向不是纵向而是横向的。于是奥斯特决定在电流的垂直方向上寻找磁效应。他用一个小的伽伐尼电槽装置当基座，让电流通过一根直径很小的铂丝，一个被放在封闭玻璃罩里的磁针就放在铂丝的下面。当奥斯特接通伏打电池时，靠近铂金的小磁针突然转动了起来，因为电流太小，磁针的转动幅度不是太大，观众几乎没有注意到，而

奥斯特

奥斯特的激动却难以言表。奥斯特的努力终于没有白费，电与磁的确定关系终于在奥斯特的实验中被证实了。接着奥斯特带着极大的热情在三个月的时间里反复地做着这个实验。他根据实验写成的《关于磁针上电流碰撞的实验》发表在欧洲各大科学刊物上，引起了极大的轰动。

越是简单的表象隐含的理论也就越深奥，被人发现的概率也就越小。作为一个科学家不仅要有坚忍不拔的毅力，更需要一颗耐心、一颗平常心。奥斯特的发现就是一个例子。

视角延伸

学做奥斯特的实验

材料：

导线若干，小磁针一个，电源一个，开关一个，电阻一个。

说明：

电阻可以用几节长度相同但直径不同的导线来代替。实验电阻器可以方便地调节电阻值从而达到控制电流大小的目的。在没有实验电阻器的情况下可以用粗细不同的导线来代替。

实验步骤：

（1）用导线将开关、电源、电阻器（或直径不同的导线）串联起来，注意开关是打开着的。

（2）把小磁针放在靠近导线的地方。

（3）接通电源，观察小磁针。

（4）调节电阻器或更换不同直径的导线，观察小磁针偏转的角度。

（5）关闭开关，观察小磁针的位置。

实验结论：

电流周围存在着磁场。

7 电磁理论发现者法拉第

娓娓道来

中国的那句古话"失败是成功之母"是科学家法拉第的写照。下面，就让我们一起走近法拉第，了解电磁理论是怎么发现的吧！

法拉第一直坚定地认为电和磁可以相互转化，他想尽各种方法做实验，翻来覆去重复着一条路线：实验—失败—实验，他屡败屡试。

正在演说的法拉第

有一天，法拉第因实验毫无进展，就生气地将一条长条磁铁扔进了线圈里。可就在这一瞬间，法拉第突然看到电流计上的指针稍微动了一下。但是揉揉犯困的眼睛，发现指针在原位一动不动。

法拉第心想这是否出现幻觉了，自己每天都投入大量心血来研究这个实验，难免看花眼。但是法拉第不会放弃细小的发现，哪怕是幻觉。于是法拉第拿出磁铁又扔进了线圈。这次法拉第确定，这的确不是幻觉。他又反复做了几次，电流计就动了几次。磁终于转成电了！

法拉第不停地将那条磁铁放进线圈，上上下下就像捣蒜一样。旁边的电流计的指针也不停地摆动。这时法拉第的妻子送来了饭菜，笑着叫像捣蒜一般在鼓捣的丈夫吃饭。法拉第高兴地扑到妻子面前，像小孩一样抱着妻子转了一个圈，把饭菜撒了一地。妻子说道："你不吃饭了吗？"法拉第兴奋地回复："什么也不要了，有电就足够了。"法拉第语无伦次，唱着跳着，他无法平息内心的激动。随后法拉第静下心来在笔记本上写下一个简单又意义重大的单词"yes"，时间是 1831 年 10 月 17 日。

电流表

视角延伸

法拉第的生平和他的发现

迈克尔·法拉第（1791—1867 年）只读过两年半小学，但通过自学成为了一个著名的科学家。他生在一个贫寒铁匠家庭，12 岁上街卖报，13 岁在书店当学徒，利用业余时间自学自然科学。他动手能力强，常常自己制作仪器做实验。由于他的勤奋好学和实验才能受到大化学家戴维的赏识，吸收他为皇家研究所的实验人员。

法拉第的贡献不仅仅在于提出了电磁感应学说，他的许多实验为发电机、电动机和变压器的发明奠定了基础，使得人类进入电气时代不再是一个梦。在磁电感应实验的基础上，他又提出了静电感应理论，不久又发现了抗磁性，并且引入了“场”的概念，就是电和磁相互作用时要通过的中间介质。

这个概念的引出，正如爱因斯坦所说，是牛顿以来最重要的发现，也是法拉第最富独创性的思想。

下面介绍一下法拉第电磁感应定律，这个定律比较抽象，专业性强，就不作详细的讲解。

法拉第电磁感应定律：任何封闭电路中感应电动势的大小，等于穿过这一电路磁通量的变化率。

8 发电机的发明

娓娓道来 初中物理书中有一句话：当磁场的磁力线发生变化时，在其周围的导线中就会产生感应电流。这句话就是法拉第实验十年得来的结论，也是发电机工作的原理。有了原理之后，发电机是怎么产生的呢？我们一起来看一下。

1831 年法拉第磁生电实验成功，那次成功的磁产生电的实验模型可以称得上是世界上第一台发电机的模型。这个发电机模型产生的电还没有一粒纽扣电池提供的电力大，但是它却预示着人类在不久的将来会进入一个完全不同的时代。后来，法国人皮克希应用电磁感应原理成功制成了最初的发电机。

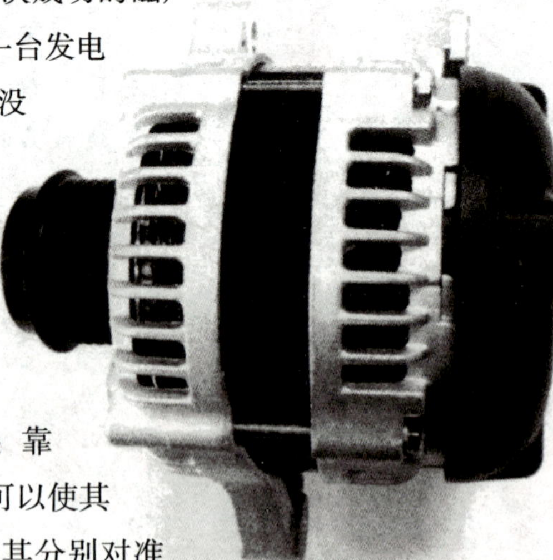
现代发电机

皮克希发明的发电机原理是这样的：靠近可以旋转的 U 形磁铁（通过手轮和齿可以使其旋转），用两根铁芯绕上导线线圈，使其分别对准磁铁的 N 极和 S 极，并将线圈导线引出。这样，摇

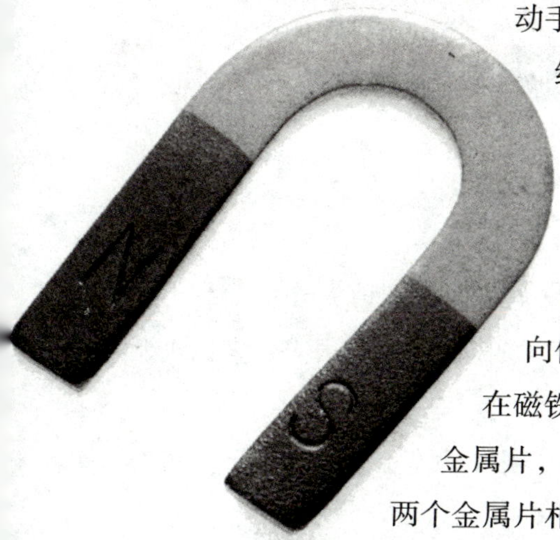
U形磁铁

动手轮使磁铁旋转时，由于磁力线发生了变化，结果在线圈导线中就产生了电流。

从这种发电机的装置可以推断，每当磁铁旋转半圈时，线圈所对应的磁铁的磁极就改变一次，从而使电流的方向也跟着改变一次。为了改变这种情况，使电流方向保持不变，皮克希想出了一个巧妙的办法：在磁铁的旋转轴上加装两片相互隔开成圆筒状的金属片，由线圈引出的两条线头，经弹簧片分别与两个金属片相接触。另外，再用两根导线与两个金属片接触，以引出电流。这个装置，就称作整流子，在后来的发电机上仍得到应用。

整流子

视角延伸

发电机的发展历史

随着人们对电磁理论认识的加深，发电机在不断的完善中，终于产生出源源不断的电力，成为世界的绿色能源。1841 年，德国人雅克比也制成了一台能产生一定大电流的发电机。

1866 年，德国人维尔纳·冯·西门子制成世界上第一台真正实用的工业用发电机。

1869 年，比利时人格拉姆制成了环形电枢，发明了环形电枢发电机。这种发电机是用水力来转动发电机转子的，经过反复改进得到了 3.2 千瓦的输出功率。

实际上，帕斯努悌早在 1860 年就提出了发电机电枢的设想，但未能引起人们的注意。1865 年，他又在一本杂志上发表了这一独创性的见解，但仍未得到社会的公认。

到了 1869 年，比利时学者古拉姆在法国巴黎研究电学时，看到了帕斯努悌发表的文章，认为这一发明有其优越性。于是，他就根据帕斯努悌的设计方案，兼而采纳了西门子的电磁铁式发电机原理进行研制，于 1870 年制成了性能优良的发电机。

19 世纪 40 年代，俄国科学家雅科比使发电机变得更为实用。他用电磁铁替代永久磁铁进行工作。这种新型发电机当时被装在一艘游艇上，载着几名乘客驶过了涅瓦河。此事引起了极大的轰动。

1866 年德国的电工学家、实业家恩斯脱·韦尔纳·冯·西门子（1816—1892 年）研制出自激励式发电机。

传奇二

轻抚羽扇诊脉搏——特征属性

1 飞一样的速度——快

娓娓道来

你能想象出30万千米/秒的前进速度吗？对于这个问题，我们的脑袋会一片空白。在现实生活中，还没有一种交通工具可以达到这种速度。为了便于比较，我们拿一些交通工具作为例子讲解。因为交通工具的性能不一致，只能取一个大概的范围。

火箭

先从最慢的交通工具说起，自行车每小时可以跑10～40千米。在国际自行车大赛上最快的速度可以达到60千米/时，这可以当作一辆小轿车来使用了。摩托车每小时可以达到30～100千米，不过摩托车在摩托大赛中竟然可以达到320千米/时。接下来就是汽车，它每小时可以达到80～180千米，而在F1大赛中最高的赛车纪录是380千米/时。火车是80～200千米/时，磁悬浮列车可达430千米/时。飞机在500～1800千米/时，某些高速侦察机可以超过3600千米/时，这个速度可以称得上是神速，相当于1秒可以跑1000米。接下来就应该是火箭了，还有宇宙飞船……它们的速度更是大得惊人，但是目前最快的要数光速了，它竟然有每秒299792.458千米，也就是每秒近30万千米。这就是闪电的速度，用“飞”来形容也有点逊色。

目前人类还不可能制造出能达到光速的飞行器，即使未来科技非常发达，根据科学家爱因斯坦的理论，人造飞行器也是无法达到光速的。虽然我们无法观测到光速，自然却给了我们巨大的恩惠。自然界创造了速度几乎等于光速的闪电，让我们可以在乌云密布的天空下观赏到光速。

天空中的闪电

视角延伸

认识光速

闪电的速度是如此的快，居然达到了光速。下面我们来了解一下光速的知识。

光速是光波或电磁波在真空或介质中的传播速度。光速是目前已知的最大速度，物体达到光速时动能无穷大，所以按目前人类的认知来说达到光速不可能，所以光速、超光速的问题不在物理学讨论范围之内。

对光速理论作出巨大贡献的要数爱因斯坦了。在20世纪，爱因斯坦根据狭义相对论中质能等价理论的推论，认为一切物质都潜藏着质量乘以光速平方的能量。

一个静止的物体，其全部的能量都包含在静止的质量中。一旦运动，就要产生动能。由于质量和能量等价，运动中所具有的能量应加到质量上，也就是说，运动的物体的质量会增加。当物体的运动速度远低于光速时，增加的质量微乎其微，如速度达到光速的0.1时，质量只增加0.5%。但随着速度接近光速，其增加的质量就显著了。如速度达到光速的0.9时，其质量增加了一倍多。这时，物体继续加速就需要更多的能量。当速度趋近光速时，质量随着速度的增加而直线上升，速度无限接近光速时，质量趋向于无限大，需要无限多的能量。因此，任何物体的运动速度不可能达到光速，只有质量为零（在宇宙大爆发时有很多现在质量不为0的粒子质量为0）的粒子才能以光速运动。

2

展开的线头——线状

娓娓道来

可怕的闪电总是以线的形状出现在我们面前，就让我们通过雷电的这种独特的形状来了解它吧！

炎热的夏日，闷热的空气中没有一丝风，热浪席卷了每一个角落，一切都在无声中静默着。树叶静静地一动不动仿佛死了一般。柏油马路上热浪滚滚，好像烈火在烧烤似的。知了拉着乏味又冗长的调子，把夏日的炎热衬托到极致。门前的大黑狗长长的红色舌头耷拉在嘴外，还不停地摇动着，呼哧呼哧喘着粗气。爷爷和奶奶使劲摇着芭蕉扇，汗水还是不断

炎热的夏天

乌云密布的天空

地从他们的脸上滑落，天地仿佛是一个大蒸笼，这就是宇宙中灼人的夏天。

可是，往往在最闷热的时候，冷不丁会从天上刮来一阵冷风。很快，冷风就和阴云一起出现。大地的万物仿佛受到了感染，在凉风的吹拂下，纷纷不安地晃动了起来。乌云越压越低，直直地逼人的头顶，天好像要塌下来了。就在这千钧一发的时刻，一道明亮刺眼的光线张牙舞爪地突然划破天际，轰隆隆的雷声立刻尾随而到，接着便是倾盆的暴雨。

可怕的闪电总是以线状出现在我们面前。当电闪雷鸣时，耀眼的光芒和很细的光线就映入我们的眼帘。闪电好像横斜的树枝，又如同河流的支流那样密布。最常见的线状闪电也是最可怕的，因为它有着强大的电流，少说有几万安培，最强竟有 20 万安培。这样强大的电流可以轻而易举地摇动或毁坏大树，雷击建筑物并造成火灾。线状闪电多数是云对地的放电。

视角延伸

片状、球状闪电

闪电的形状是我们对它的直接印象。除了线状闪电之外，还有片状、球状闪电，下面就一一介绍它们。片状闪电很常见，看起来，它们就像云面上有一片闪光。这很可能就是云后面看不见的火花放电的回光，还有可能是云内闪电被云滴遮挡而造成的漫射光，亦或是出现在云上部的一种丛集的或闪烁状的独立放电现象。

片状闪电的强度非常弱，它出现的时候，暴雨一般就要停了，它们多数属于云中放电。球状闪电是一种非常罕见的闪电，但却最为引人注目。它们有的简直就像一朵盛开的菊花，有的像一个大“绣球”。最不济的，也是一个大火球那样的形状。这种闪电很大，有的竟然达到了直径几米甚至几十米。它们的活动也各种各样。有的在空中慢悠悠地“散步”，有的完全静止不动。有的像流星那样发光，有的时候，它们的光是白色的，有的时候是粉红色。更令人吃惊不已的是，这种闪电有时居然会从烟囱、窗户、门洞里钻进屋里，在房子里转一圈后溜走。它们的声音也多种多样。有的发出“嗞嗞”的声音，然后一声闷响而消失；有时又只发出微弱的噼啪声而不知不觉地消失。它们消失后会有臭味，那是臭氧的气味。

3 骇人的杀伤力——破坏性

娓娓道来

电像一个非常可怕的恶魔，它拥有巨大的力量，很容易就摧毁一切。电又非常神秘。下面就让我们一起来见识一下电的可怕性吧！

对于电的可怕性，古人很早就有着清醒的认识。古时候，人们把闪电当成是神明的意志，人们对闪电非常崇敬，甚至顶礼膜拜。

在古人眼里，闪电可以轻而易举地把一株大树在顷刻间摧毁。与闪电比起来，人的力量是多么微不足道啊！闪电刺眼的亮光，可怕的张牙舞爪的形状和伴随而来的轰隆隆的雷声形成了人们最早对自然的恐惧。雷电可以轻易地摧毁建筑物，给高

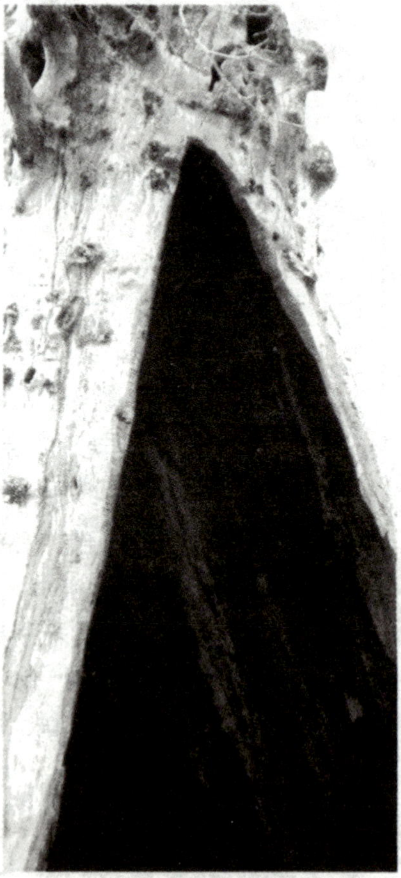
被雷击的大树

大的木质建筑带来火灾。

现在故宫的太和殿就曾经被雷火焚毁过很多次。由于太和殿长期以来是北京城里最高的建筑，所以很容易受到雷电的袭击。很多皇帝都为太和殿的事情大为头疼。后来，聪明的古人想出了一个办法，他们用一根巨大的铁链拴在太和殿巨大的屋顶上。这么做真是一举两得：既能起到固定的作用，又可以当作避雷针使用——把雷电引到地下，保证了建筑物的安全。

故宫太和殿

今天的太和殿以雍容华贵的面貌出现在世人面前，人们在赞叹建筑物的宏伟时，也会感叹古人对电的认识吧！

电源插座

在我们身边，一条条或隐或现的电线把源源不断的电能送到我们周围，给我们带来了光明和快乐，但是，用电不当引起触电却会给我们造成生命危险。家庭用电的电压是220伏特，远远高于人体能承受的最大电压36伏特，因此，触电是非常危险的。

视角延伸

用电的危险

用电的危险众所周知。老化的电线缠在一起,很容易引发短路,而一旦短路,电流引发的火灾就不可避免地要发生。如果我们在日常生活中不小心接触到了裸露的电线,或开关、插座等,强大的电流就会在很短的时间内进入我们的体内,对我们的身体产生巨大的伤害。

在生活中,当我们洗完手后,没有及时把水擦干净,就急急忙忙地插插座,我们就有可能遭受电击。因为水是一种导体,这些开关里一旦有电流通过,电流就极有可能通过渗漏的水进入人的体内,造成巨大的伤害,因此,我们要避免用湿漉漉的手来插插座。在电器运行的时候,它们的表面很可能也会带电,因此,很多电器上都有接地线,利用它把电器的导电表面与电源插头的接地端连通。把电源插头插入三眼插座中,即可通过插座上的接地端把电器表面所带的电引入到大地,防止人被电伤到。

4 捉摸不定的心情——不稳定

电就像一个幽灵，它有着我们难以琢磨的脾气。就让我们一起来见识一下吧！

娓娓道来

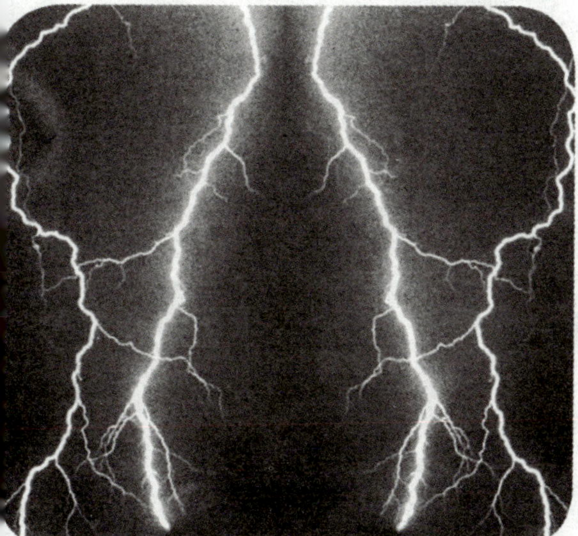

雷电

电无影无踪，在很多时候，我们会忽视它们的存在。可是，每当这个可怕的幽灵在我们身边出现的时候，灾难也随之而来。可怕的雷电让人望而生畏，这个时候，电这个幽灵把它可怕的一面淋漓尽致地展现了出来，它一出现，肯定不知有多少建筑、人和动物要遭殃。这是电展现在我们面前的可怕现象。

可是，在很多时候，电都是温顺的。它们静静地在电线里流动，悄无声息，它们流到各种各样的电器里面，让这些电器尽可能地发挥它们的作用，因而，我们的生活中才会有明亮的电灯，好看的电视，功能强大的电脑。

电构成了现代社会极其重要的一部分，它是一种最重要的能量形式，给我们带来了幸福的生活。可是，当平时都躲在电线里“循规蹈矩”的电一旦冲出人们给它的各种约束，立马就会泛滥成灾，一下子从温顺的“羔羊”变成可怕的“灰狼”。多少人的生命被它无情吞噬，多少火灾中它是罪魁祸首！可是，我们不得不说，电是我们的朋友，在人类近百年的发展历史中，电做出了突出的贡献，彻底改变了现代人的生活方式，并深刻地影响了一代代人。然而，有时候我们忍不住要感慨一番：人类的这个朋友有怎样的一种坏脾气呀！它不断地为人类带来温暖，却也不断地给人类制造着巨大的麻烦，真是让人又爱又怕呀！

改变生活的电器

视角延伸

生物电

电流的不稳定是大自然中很常见的一种现象。其实在我们的身体里，无时无刻不在流动着电流，生物学家称之为“生物电”。我们的大脑就是通过“生物电”来运行的。遍布身体各处的神经敏感地捕捉到外界的信息，它们接受了外界的刺激，就会产生一种感应电流，这种电流由一条一条首尾连接的神经迅速传到我们的大脑中，我们的大脑就会对这种信息进行分析、处理，最后，大脑的反馈信息也会以“生物电”的形式传递到身体的相应部位。就这样，在大脑的控制下，我们的身体就会对外界环境作出反应，我们才会有针对性地进行各种现实的活动，才会看到蓝天，闻到花香，才会对各种事物的变化在内心中产生出各种各样的情绪：喜怒哀乐。

生物电是普遍存在的，但和平常我们接触到的生产、生活用电和闪电比起来，生物电的电流很小，根本就微不足道，而且，这种“生物电”也是不稳定的，它受我们自己身体状况的影响。用脑过度时，思维就会减缓，反应就会变慢，这也是生物电的传播不顺畅的原因。就算电线里时刻流动着的高达 220 伏特的电压，在某些特殊的情况下也可能变微弱。如果电压不稳，这种电也会失去它的威力。因此，我们常常看到，电灯时亮时暗，有时会突然停电，等等，这些都是电压不稳定造成的。

5 没有家的孩子——难储存

娓娓道来

电这种东西来无影去无踪，我们很难将这种东西固定在一个地方，因此，说它是“没有家的孩子”一点也不为过。

电的行踪让人们很难理解，只要有导体，它就会随着导体为它指引的方向四处流浪，最后消失得无影无踪。

我们对电的印象，就是不常看到的电火花，或者电给我们带来的光明和温暖。人们对于电最强烈的印象，恐怕还是可怕的电闪雷鸣。强大的闪电总是让人敬畏，人们就在头脑中创造了雷神这个形象。

人们想象的“雷神”形象

尽管雷电给我们带来了巨大的麻烦，但不容置疑的是，雷电这种东西也会转瞬即逝。往往，在漆黑的雨夜里会突然冒出一道刺眼的亮光，接着就是一声震耳欲聋的轰鸣，把我们吓了一大跳。可是，当我们还没有反应过来的时候，刚才的闪电就消失不见了，闪电给我们留下的就是这样来无影去无踪的诡异印象，不管怎样，它还是非常可怕的。

但是，你能想象一下吗？大自然以它伟大的力量塑造出了闪电这种可以摧毁一切的恶魔，并且把几十万伏的电压送给了它，却只是让它在漆黑的雨夜昙花一现，就匆匆消失在那茫茫的黑云后面。这还真像是古代中国人所谓的“神的脾气”。你不知道它什么时候发怒，你也不知道它为什么发怒，老天的怒气是那么令人难以捉摸，甚至人们还来不及体会，上天就已经给了人们重大的警示。看来中国古人把电闪雷鸣当作是上天的发怒，还是有一番道理的啊！

打破黑夜的闪电

视角延伸

电的储存

正是由于电这种东西来无影去无踪。难以捉摸，所以，人们在很长的历史时期内都没有办法准确、科学地认识电这种东西。电的存储一直是让我们头疼的问题，很多科学家一开始只是通过对电的直观印象来研究电，最初的科学家为此付出了艰辛的努力。比如富兰克林，他冒险在雷雨之夜放风筝，只是为了“捕捉”到天上的闪电。正是通过这种努力，他才最终证明了天上的电和地上的电根本就是一回事，就这样，人类对于雷电的研究翻开了新的一页。

在今天这个科技发达的时代，人们想出了更多有效的存储电能的方法。我们平常使用的手机、剃须刀等东西都有一个电池，它们是用特殊材料制成的，都能够存储电能。具体的原理是，在接通电器后，在电压的作用下，其中的特殊粒子会失去电荷，成为带电粒子。而原本带电的粒子就会得到电荷，成为普通的粒子。失去和得到电荷的过程就会产生电流，因为电流就是通过电荷的流动来实现的。要想形成电流，必须有物体中的电荷源源不断地流出，电荷的流动就形成了电流。储存电能对我们来说至关重要，我们常常会看到楼道里有备用的电灯，它们底下都连接着一个电池。当停电的时候，这些灯就会亮起，重新给我们带来光明。

6 警惕的隐者——无味无色

娓娓道来 我们似乎很难描述电究竟是怎么一种样子，只能用捉摸不定的词汇来形容它。尽管如此，人类还是没有停止对电的探索。下面就让我们一起走进电的世界吧！

一间温馨的小房子里看似风平浪静，可是，在每一个毫不起眼的角落里，却静静地蛰伏着一位可怕的忍者。你很难看见它们，更无法用手触摸它们，在这个世界上，它们甚至连一点气味都不会留下。它们就是电。

电能带动的机器

电流在金属的导线里安安静静却又风驰电掣般的快速流动。它们使得一台台金属做的庞大机器顿时焕发出生命的活力，让它们快速转动着飞轮，为人类生产出各种各样的产品，并让它们走进千家万户，给我们的生活带来极大的便利。

可是，我们还是无法想象电的样子。

让人温暖的灯光

当你打开温馨的灯，看那明亮的光芒从那小小的玻璃裹着的灯丝里源源不断地射出来，你肯定会感到很温暖。尽管我们看不到电，可是电就在我们周围。难道那灯泡里闪着的亮光就是电的本来面目吗？不要这样想，你看到的东西和真正的电还差得很远。在电流的强大作用下，用独特材料制作的灯丝会发生一系列的物理、化学变化，而这些变化的一个表现就是它们会发出耀眼的光来。看到这些熟悉的光亮，我们只能说，灯泡里通了电，可是，我们却看不到灯泡里电的样子。

我们都知道，是物体中电荷的流动才产生了电流，但物体中的电荷十分微小，我们的肉眼根本无法看到它们，就算你从实验室里搬来一台显微镜，也没有办法来看清电荷的样子。物体中有着数不清的粒子，称为分子，每一个分子中还包含有若干个原子，而每一个原子中就有数目不等的电子存在，因而，电子实在是太微小了。你知道吗？仅仅一滴水中就含有多于几千亿个分子呢！至于电子，更是数不胜数了。

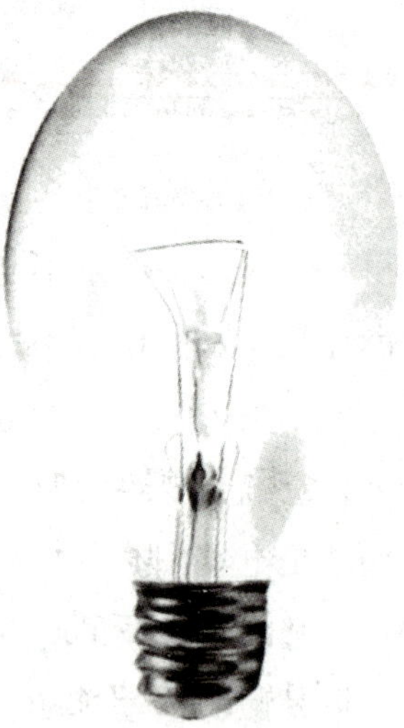

灯泡

视角延伸

电流的性状和电压

无色无味是对电流性状的最好描述。

电流这种东西不能和一般的物体等同，它只在一般物体之内产生、流动和消失。它们的出现符合一定的规律，它们现身的条件很苛刻，一旦条件不能满足，它们就会立即消失，仿佛从人间蒸发了一般，谁也不知道去了哪里。它们出现的条件都还是很极端的，这种极端的条件会给人带来巨大的伤害。电流从发电厂产生，为了让它能够传递到更远的地方去而不至于损耗太多，人们就必须给电流施加足够的压力。这就像你要让水槽中的水向前流动，要给水施加一个推力一样，给电流施加的压力就称作电压。电压越大，电流就越小，在途中损耗就越少。可是，这样强大的电压却是任何生物都无法承受的，人能承受的电压最高也就36伏特。你注意过没有，我们平常使用的电器的电压都高达220伏特。在传递的时候，输电线路的电压会更高，有的达到几千甚至几万伏特。当然，我们要给用电线路降压后才能够正常使用。

7 和谐的成员——正、负电荷

娓娓道来

物体中的电荷数以千计，这是让我们无论如何也想象不出的。可是，聪明的人类用“正电荷”、“负电荷”这两个简单的名字就足以形容它们。这两个名字描述了两种不同形式的电荷，对于它们，我们还要作更进一步的了解。

我们平时所见到的物体都是由一种称作“分子”的微小粒子构成的。分子有多小呢?

上面说过，一滴水中的分子数就大得惊人。不过，分子还可以划分成更小的粒子，这就是原子。通常一个分子由若干个原子构成，也有的分子仅仅由一个原子构成，这样的分子就称作“单原子分子”。

物体中所带的电荷，就和这些林林总总的原子有着十分密切的联系。原子是由原子核和电子构成的，原子核的质量很大，吸引着众多的电子在它的

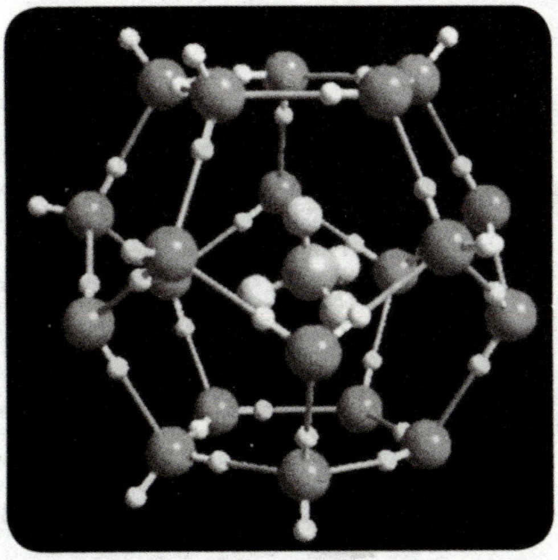

水的原子构造

周围高速运动。原子核是由质子和中子构成的，质子带有正电荷，中子不带电荷，而围绕原子核运动的电子则带有负电荷。

平时，质子中所带有的正电荷的数目能和电子中所带有的负电荷的数目相等，因此，物体表现为不带电。可是，这种不带电的稳定状态却很容易被打破，这都是“顽皮”的电子惹的祸。有的电子不老实，不肯乖乖地在自己的轨道上运动，一溜烟就跑到别的原子那儿去了，这样，在这个原子中，负电荷就少了，正电荷就多了出来，因此，这个原子就带了正电荷。反过来，如果一个别的原子里的电子跑到这个原子里来，这个原子的负电荷就多了，比正电荷多，这样，这个原子就带了负电荷。

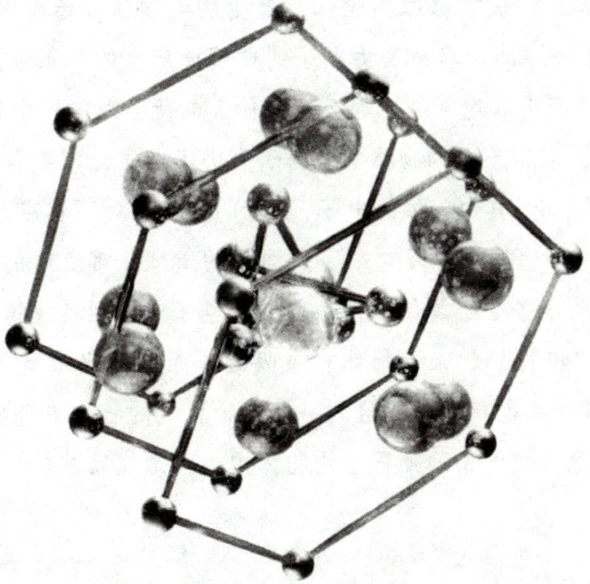

原子核与电子模拟图

视角延伸

为什么正负电荷会相互吸引

正是有了正电荷和负电荷的存在，电的定向流动才成为可能。正电荷和负电荷都有吸引轻小物体的性质。前面提到过，玻璃棒摩擦丝绸后产生的电和橡胶棒摩擦毛皮后产生的电是不一样的。容易失去电子的玻璃棒产生的是正电，容易得到电子的橡胶棒产生的是负电。那么，为什么电荷会吸引轻小物体呢？

原来，在带正电的物体中，由于失去了电子，需要别的电子来补充，于是就会“夺走”其他物体的电子，其他的物体当然不答应，于是就和它“扭打”在一块，物体就被吸起来了。同样的道理，带负电的物体想把自己身上多余的电子丢给其他物体，但一个电子进入到其他物体也不容易，于是又“扭打”起来，物体就被吸起来了。而当带有正电荷的物体和带有负电荷的物体碰到一块，带负电的物体中多余的电子就会跑到缺电子的带正电的物体中去，形成互补。

8 无法驾驭的能量——强大

娓娓道来

在人们的印象中，电绝对是一种让人不得不佩服的物质。电就像一个强壮的猛兽，几百年来，人们尽管小心翼翼地驯服了它，但当这个家伙发怒的时候，我们还是无可奈何。下面，就让我们一起来感受一下强大的电吧！

闪电引起的森林火灾

早在远古时代，我们的祖先就对此有着深刻的体会。电的声势浩大首先就在于它的破坏性。

生命是渺小的，在严酷的自然环境里很容易丧失，而自然界是伟大的，在原始社会时，人们就是怀着这种对自然的敬畏来看待周围的一切。在他们眼里，巨大的闪电把粗壮的大树劈出火花，在莽莽的丛林里点燃冲天的火焰，把原本生机勃勃的一切全部化为一片灰烬，电的力量是多么惊人啊！于是，强大的雷神在人们脑海里应运而生，这是人类第一次学会了对自然要保持敬畏。

当大雨过后，黎明的第一束阳光开始照亮这曾经被暴风雨击打过的土地，原始人在惊恐与好奇中慢慢走出他们的栖身之所，迈着坚定的步伐向被雷电毁灭的森林中走去的时候，它们意外地发现森林中的一些动物已经被熊熊的烈火烧焦。饥饿促使它们把这些烧焦的动物当成一天赖以为生的口粮。可是，当他们吃进嘴里的时候，却发现这些被烧焦的东西是如此的美味！从此，人类开始了用火来烧煮食物的历程。

风神和雷神

从那一刻起，茹毛饮血的时代就成为了历史。人类仿佛从此获得了新生。烧煮后的食物不仅美味，也更容易被人体消化，更有营养。从此，人的体质大大提高，人类从此有了坚定的物质基础来向文明时代大踏步地迈进。回顾这个过程，我们不禁会想，雷电是多么强大呀！正是它指引着人类走向了一个新的世界。

远古人类用火烧食物

电的利与弊

电的强大在于它可以创造一切，又可以摧毁一切。大家想想看，我们的现代幸福生活都是由电创造的。电给我们带来了光明，使漫漫长夜不再成为人类活动的阻碍，丰富多彩的夜生活构成了现代社会不可缺少的一部分。还有，电给我们带来了无尽的欢乐。有了电才有大屏幕的电视映演出一幕幕生动的画面，使得各种各样的人和事能够真实地在我们面前展现，从而给我们带来欢乐和感动。对于现代人的生活，电真是功不可没呀！但事物总是有利和弊两个方面。在电线密集的地方很容易引起火灾，而在建筑物和人密集的现代都市里，火灾造成的灾害是我们无法想象的。电的恐怖性还不仅仅在于引起巨大的火灾。人若不小心触电，瞬间就会失去生命。还有，对于无所不摧的雷电，除了给建筑物安上避雷针之外，人们真是一点办法都没有。每年都有人或牲畜遭雷电袭击而死。古代的建筑很容易遭受雷电的袭击而破裂或者着火，这是一件非常可怕的事情。我们要用正确的观点来看待雷电，在生活中对于电我们要慎重对待。

视角延伸

传奇三

排空驭气奔如电——自然奇观

1 闪电

娓娓道来

古人说，天神发怒才有了闪电，这是在科学不发达时代古人的一种想象，而今天，我们对闪电有了更多更科学的认识，让我们一起感受一下吧！

线状闪电

闪电是一种非常可怕的东西，在乌云密布、大雨倾盆的时候，它们就会不期而至，飞快地划破天际，把厚厚浓重的乌云层割开一个巨大的口子，然后张牙舞爪地在天际延伸，裹挟着巨大的雷鸣，带来更多的雨水向大地无情地倾泻。

对于闪电的狰狞面目，我们最常见的只是线状的那种。让我们大概回顾一下我们经常见到的闪电。那些闪电就像一根金色的树枝突然出现在黑暗的天幕上。这根“树枝”歪歪曲曲，形状丑陋但威力惊人，它驱使着雷声和暴雨飞驰而下，有藐视一切的架势。有的说它不像树枝，而像突起的血管，这种比喻也很形象。这是闪电中最为强大的一种，它的出现会给我们带来巨大的危险。对于这种闪电，我们最好敬而远之，千万不能在电闪雷鸣时到户外活动。

还有一种带状闪电。顾名思义，这种闪电看上去就像一条发光的带子。这种闪电的出现和线状闪电的出现有着密不可分的联系。如果线状闪电出现

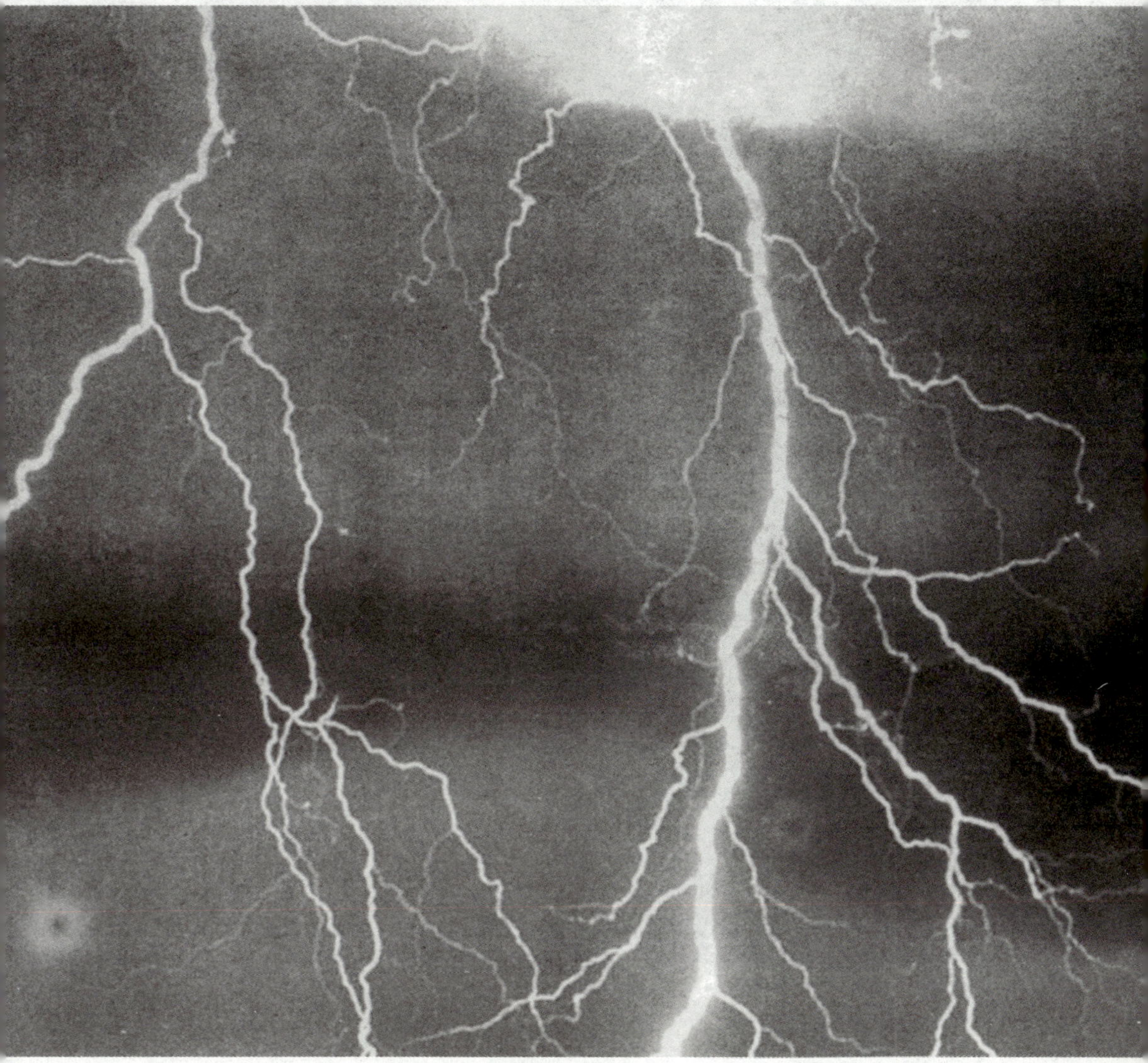

树枝状的闪电

的时候恰巧有大风，那么，我们在与风垂直的方向上就会看到闪电成为带状。这种奇异的闪电也是大自然的精彩杰作。带状闪电出现的一个重要条件就是要有风，因此，当大风伴随着暴雨雷鸣呼啸而来的时候，带状的闪电就会与我们不期而遇。观察带状闪电一定能成为我们的一种难忘的经历。这两种闪电是最常见的闪电形式，除此之外，还有球状和连珠状的闪电。

带状闪电

视角延伸

球状闪电和连珠状闪电

球状闪电是一种非常独特的闪电，它就像一个大火球，通常，它的大小和人的脑袋差不多，但最大的居然会达到直径几十米那么大。你能想象出几十米的大火球吗？不要感到不可思议，在地球上真的存在这种东西。

它们就像一个个奇特的球状幽灵在昏暗天空的一个角落展现着它们诡异的身影。有的时候，它们会在一个地方呆着一动不动，就像夜空里的一盏路灯；有的时候它们会像一个醉汉一样，摇摇晃晃，在天空中慢悠悠地溜达，悠然自得。还有的时候，它们会像发怒的公牛一般，朝前方迅速冲过去，势不可挡。这些球状的闪电有时竟然会从烟囱或门缝里钻进屋子里，溜了一圈后就会扬长而去。有时，轰的一声它们就会消失，有的时候则是不动声色地消失了，它们消失后可能会留下臭氧的气味，这是雷电作用于氧气的产物。而另一种连珠状闪电会像一串珍珠那样出现在天上。它们十分耀眼。这大概是闪电中最美丽的一种，一般很难见到。它和线状、球状、带状闪电还是有着明显的不同。主要区别在雷声，不同的闪电形状和雷声有着极其紧密的联系。这是由云层的情况决定的。云放电的不同状态会产生不同的闪电和雷声。

2 静 电

娓娓道来

神奇的电总会在不经意间和我们遭遇，它的突然到来使得我们感到十分不可思议。不知道你可曾有过这种体验：在晚上睡觉脱衣服时，黑暗中常常会听到噼噼啪啪的声响，而且有蓝色的火光突然出现。这就是静电。静电无处不在，你能发现它们吗？

如果这种体验你没有，没有关系，你又可曾听到过，有的人见面一握手，就会产生针刺般的痛，让人本能地一下子把手缩回去。

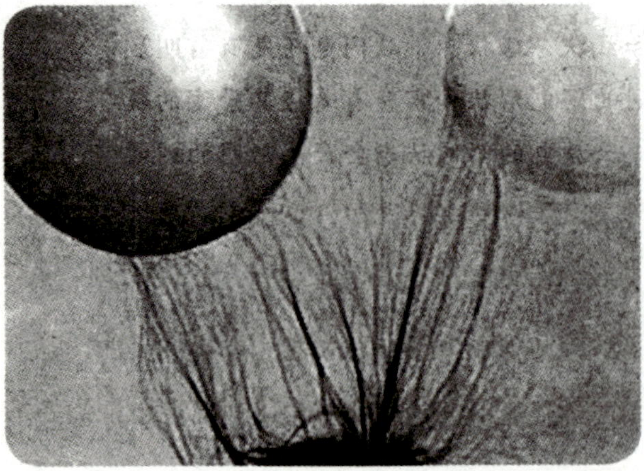

有趣的静电

这样的例子还有很多，不胜枚举。还有，当我们早上梳头时，会发现自己的头发经常会“飘”起来，越理越乱，十分苦恼。还有，当我们突然去拉门把手时，或者是某一次开水龙头的时候吧，我们都可能会“触电”，并会产生“啪啪”的声音。为什么会有这种现象

握手也有可能“触电”

呢？相信好奇的人都想知道这是为什么，其实这些事情的发生都和静电有关。那么，静电究竟是一种怎样神奇的东西呢？它与我们熟知的电又有什么关系呢？

其实，静电就是电荷的一种，但与一般的电荷不同的是，静电常常处于静止状态，它是电荷存在的一种形式。和其他的电一样，静电也是由物体得失电子

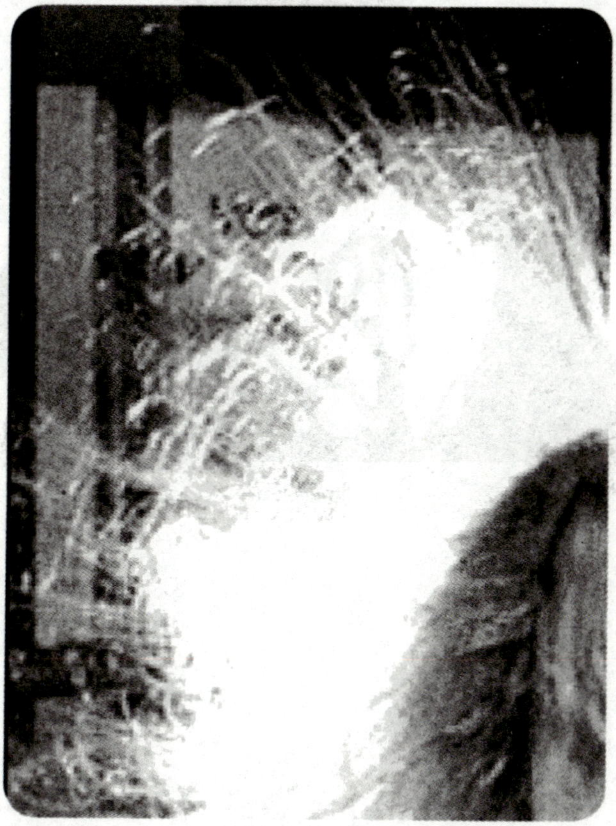
静电让头发竖了起来

形成的。电无处不在，每一次小的摩擦和接触都会使得物体带电，在带有不同电荷的物体相互接触时，就会发生中和。也就是说，带有负电荷的物体中多余的电子会跑到缺失电子的带正电荷的物体中。但如果带正电的物体比较少，电子无法中和，或者带正电子的物体太多了，电子不够，这样有一部分电荷就无法中和，这就产生了静电。

防静电图标

视角延伸

静电的防范

摩擦是产生静电的最直接方法，并且绝缘体上最容易产生静电。因为绝缘体的导电性差，电荷不能自由流动，只能以相对静止的状态在物体中停留，这就为静电的产生创造了绝好的条件。静电这种东西会对老年人产生一定的伤害。由于老年人的心血管系统常会有各种病变，静电会使病情加重或诱发室性早搏。更严重的是，过高的静电还常常使人头痛、胸闷、呼吸困难、咳嗽。防止静电只要把干燥的环境变得湿润就可以了。我们可以在室内地板等处经常洒水，并勤洗衣物，保证个人卫生。如果梳子带了大量电荷而无法使用，我们可以先把梳子在水中浸泡后再使用，这样，梳子上的电荷就会在水中“溜掉”了。对于老年人，应选择柔软、光滑的棉纺织或丝织内衣、内裤，而不要穿化纤衣物。这些都是防止静电危害的常用方法。

3 生物电

娓娓道来

生物电是什么呢？它和一般的电有什么关系？既然叫“生物电”，那它和生物究竟有什么联系呢？我们一起来体会一下吧！

电这种神奇的东西不仅仅依附于外物而存在，你能相信吗？家里可爱的小猫小狗身上也存在着电流，不仅它们，就连你身上也有这种物质，只是你没有感觉到罢了。

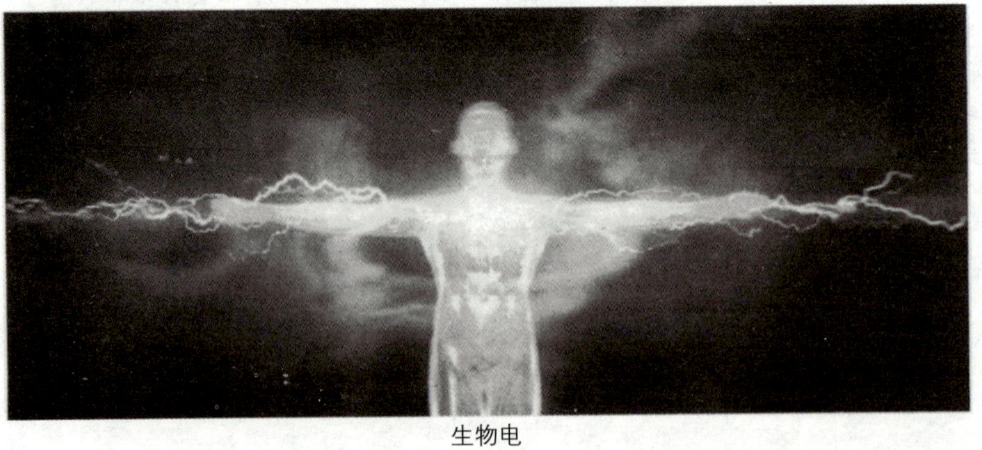

生物电

那你可能会问了，人身上为什么会带电呢？人身上的电是从哪里来的？这种电是不是对我们有危害？

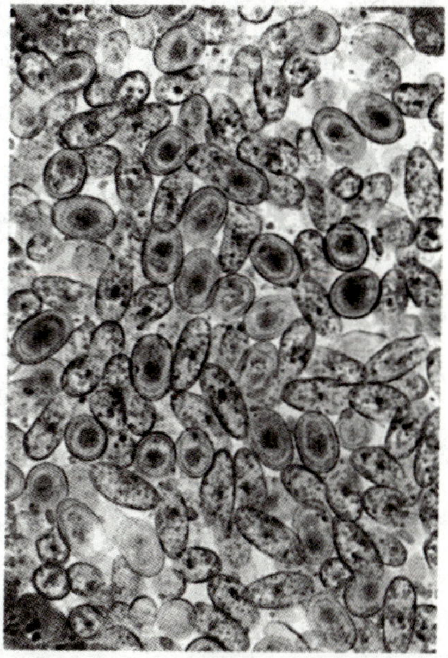

细胞

不用担心，我现在就告诉大家，这种电称作“生物电”，凡是地球上有生命的个体身上都有这种电流，这是一种十分正常的现象。生物要生存下去，就必须依靠各个器官的协调合作，每一个活的细胞都在对整个生物个体的存活作着自己的贡献。静电就是生物的器官、组织和细胞在生命活动过程中发生的电位和极性变化。它是生命活动过程中的一类物理、化学变化，是正常生理活动的表现，也是生物活

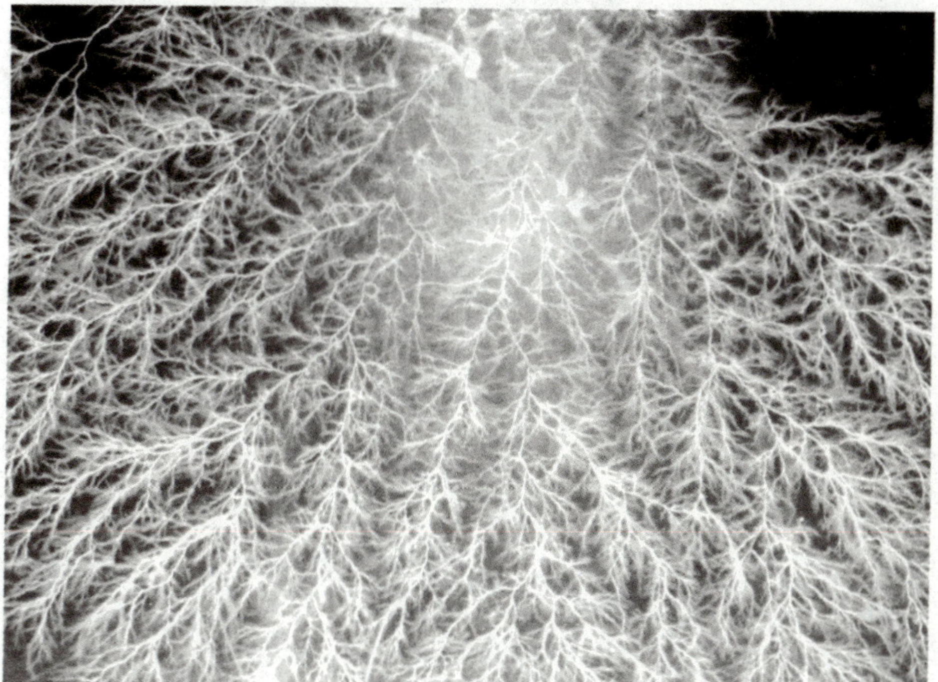

传输刺激的神经网络

组织的一个基本特征。通俗一点讲，就是生物体内的细胞在正常的生存状态下会有电荷的流动和变化，这种流动和变化就被称作“生物电”。

生物体上生物电的直接表现就是神经系统的信息传递。神经系统中有大量可以自由移动的电荷，在平时，正电荷和负电荷的数目相等。一旦有了外界的刺激，一些电荷就会离散到其他地方，从而造成电荷之间的不平衡，这样，电流就产生了。这种电流一直在接连不断的神经细胞中传递，一直传递到我们的大脑，大脑根据这种电流的变化作出反应，大脑的反馈信息会以同样的方式传到身体的部分。根据大脑的指令，我们会作出不同的反应。

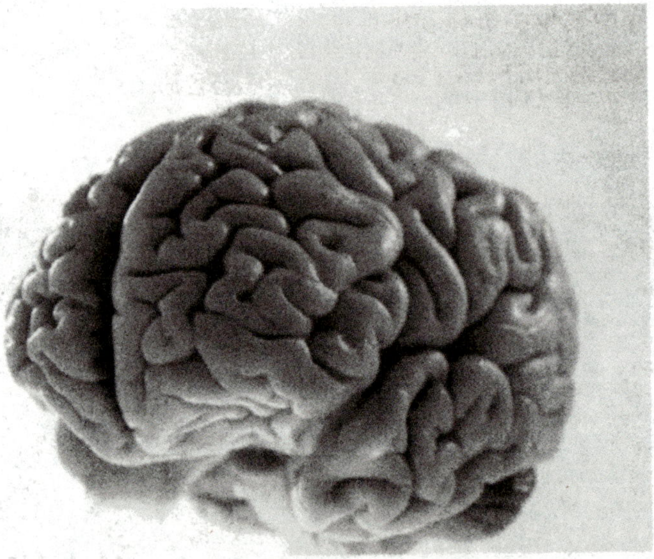

人的大脑

视角延伸

奇特的生物电

生物电现象是一种普遍的现象，生物电的研究已经形成了专门的学科。这里要说的是，有一些生物身上的生物电十分强烈，甚至很多生物就直接用它们身上产生的电来御敌、捕食。一个典型的例子就是各种各样的电鱼。一些非洲的鱼类甚至用放电的方式获取信息，进行导航和定位，这真是太不可思议了。这些奇特的鱼类会发出电脉冲，这是伴随电流而产生的一种波，通过电脉冲的反射来收集前方的信息，从而对自己的行为作出指导。生物电是一种十分有用的物质，它对于生物的生存至关重要。为了适应错综复杂的环境，生物体必须把变化的光照、声音、热、机械作用等多种因素转化为一种容易识别的信息来进行处理，这就是生物电信息。具体来说，这就是神经冲动，神经冲动经过传导、传递和分析综合，生物体就会及时作出应有的反应。高等生物的神经细胞中会有一种独特的感受器，能对不同的生物电信息进行分门别类的处理，针对性很强，这是生物进化的结果,充分体现了生物适应环境的自然规律。生物电变化是生物适应环境的一种独特方式，是生物进化的结晶，充分体现了生命的灿烂和美好。

4 感应电

娓娓道来

电似乎是一种有灵性的东西，它会和周围的空气发生一种神秘的互动，使得周围的物体也带有了电荷。由此，我向大家隆重地介绍今天的“主角”——感应电。

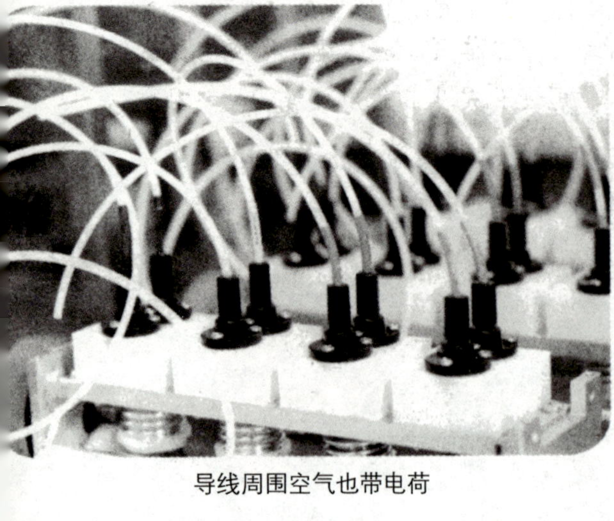

导线周围空气也带电荷

强大的电流驱动我们的机器高速运转，如果你带着仪器去检测的话，就会发现，在每一条导线的旁边，周围的空气会神奇地带上电荷。于是，神秘的感应电就产生了。让我们一起走近它吧！

感应电的通俗定义，就是指导电设备之外所带的电。说得更明白一点，感应电就是通过一定的方法改变空间中静电荷的分布，从而使空气带电的方式。感应电的产生是因为流动的电会对周围一定的范围产生影响，这个受到影响的范围就是电场。电流对电场内的空气发生作用，感应电就产生了。感应电这个家伙对我们来说是比较陌生的，人们一般不会去注意它，因为它确实也不会给人类带来什么伤害。但是，我们也绝不能对它放松一丝警惕，它可能会对我们的机器产生不好的影响！

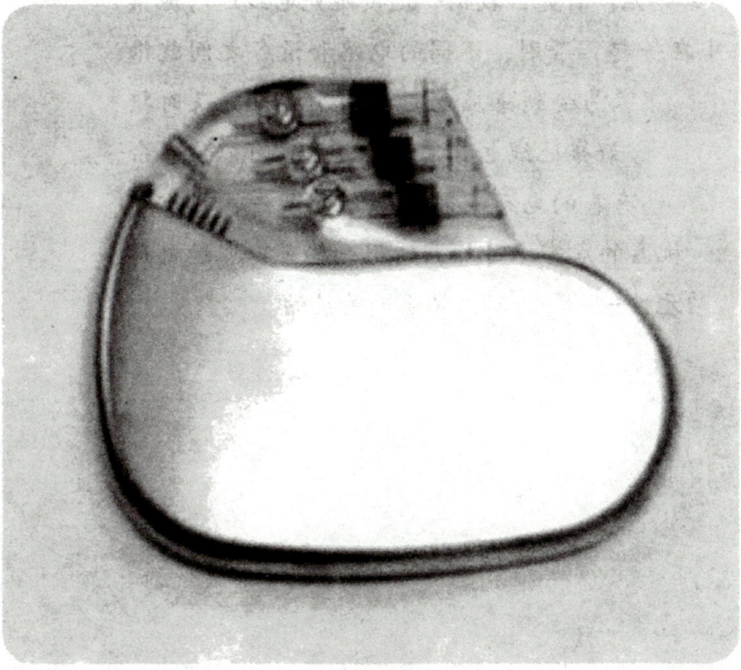

心脏起搏器

视角延伸

感应电的防范

一些比较敏感的电子设备。比如电子起搏器等，都会受到感应电的不利影响。我们应该怎么办呢？首先，我们一定要避免电线过密地集中在一起，否则，不同的电路和设备之间就很容易受到感应电的影响。还有，及时接好接地线也非常重要，这样可以使多余有害的电荷及时地传到地下去，减少对机器的危害。另外，使用一些可以容纳电荷的元件——电容，也是十分关键的。

5 交流电

娓娓道来

电有交流电和直流电之分，它们共同为我们构造了光明的世界，那么，电为什么会有这样的区别呢？现在，我们从交流电开始说起。

灯光

当我们打开电灯的时候，那明亮的光芒在一瞬间倾泻而下；当我们打开电脑的时候，数以千计的信息呈现在电脑屏幕上，于是，我们眼前就出现了一个异彩纷呈的世界；当我们打开电视的时候，那清晰的画面会让我们不禁耳目一新。

作为一个现代人，我们足不出户就能领略到外部世界的美好。当这些事情发生在我们面前的时候，电流正以极快的速度在塑料皮包裹的金属导线里飞奔。电流把这一切带给了我们，我们想了解它们，可总是会被脾气难以捉摸的它们拒之门外。那么，电在导线中究竟是怎样流动的呢？这就不得不提到我们下面要向大家介绍的交流电。

那么，什么是交流电呢？顾名思义，交流电是指大小和方向都发生周期性变化的电流。它们变动的波形很符合正弦函数，正弦函数大家可能比较陌生，其实这种数学函数是专门用来描述一种有规律的波浪形状的线条。我们日常生活中所用的电流都是交流电，我们的电灯的光是一闪一闪的，不过闪动得很快，肉眼无法发现罢了。

金属导线

视角延伸

大量使用交流电的原因

为什么人们使用的电大多数都是交流电呢？为什么电的大小和方向都要不断变化呢？为什么不能用大小、方向不变的电流呢？这还是有一番道理的。我们知道，从发电厂到用户，电能要经过长距离的运输，在这种长距离的运输过程当中，电能的损耗是在所难免的。因此，如何减小电能在传播过程中的损耗就成了让人们头疼的问题。根据物理学定律，传播电能所消耗的功率＝电流的平方×电阻，根据这个公式，我们会发现，如果要降低电能在传播过程中的损耗，我们就需要降低传输的电流或电线的电阻。可是，现在的技术还没有达到那么高超的程度，我们还很难降低目前使用的输电线路（如铜线）的电阻，所以唯一而且有效的方法就是降低传输的电流。而根据功率＝电流×电压的公式，提高电网的电压即可降低导线中的电流，以达到节约能源的目的。交流电就比较符合人们的要求。因为交流电有着大小和方向的周期变化，人们很容易对其进行升压或降压的处理，仅仅一个简单的变压器就能够做到这一点。所以，交流电才会这样受到人们的“宠爱”，被人类赋予了传播电能的光荣任务。从这一点上来说，交流电是功不可没的。还有，交流电的周期变化自有它自己的性质和特点，这些都有待于我们进一步去了解和研究。

电灯

6 直流电

娓娓道来 除了无所不在的交流电以外，直流电也是很常见的一种电。那么，什么是直流电呢？它和交流电有什么区别呢？且听我慢慢道来。

与交流电不同的是，直流电是指方向和时间不作周期性变化的电流。

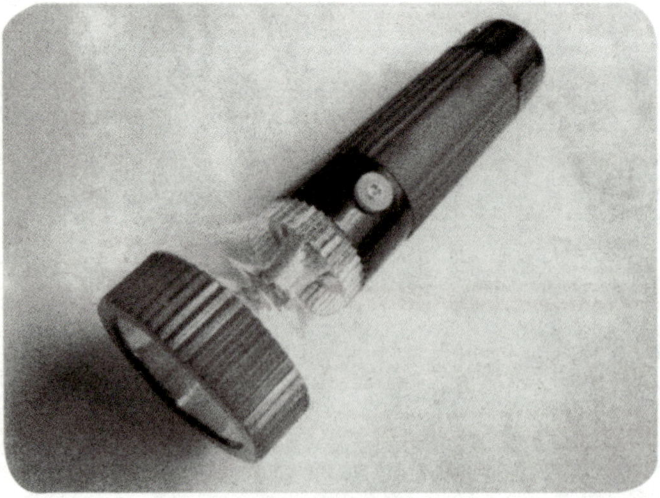

用直流电的手电筒

直流电又称恒流电，它最早是由发明家爱迪生发现的。它产生的原理是这样的：直流电需要依附于一个电路来产生，这个电路被称为直流电路，直流电路是一种由直流电源和电阻构成的闭合导电回路。直流电在直流电路中的流动会形成恒定的电场。在电源外的导线里，正电荷经电阻从高电势处流向低电势处，而在电源内，电荷则是靠着电源的非静电力的作用，来克服静电力，然后正电荷就能从低电势处到达高电势处，如此循环，构成闭合的电流回路。所以，在直流电路中，电源的作用是提供不随时间变化的恒定电动势，持续不断地补充能量，以在闭合导电回路中提供直流电。

和交流电一样，直流电的应用也非常广泛。我们所熟知的各种电池，比如太阳能电池、化学电池、燃料电池、温差电池等，还有直流发电机都是直流电的“用武之地”。直流电具有悠久的发展历史，虽然今天它的普及程度远远不及交流电，但是，作为人类最早发现并广泛使用的一种电能，直流电还是对人类历史的发展起到了相当大的作用。直流电和爱迪生这个名字密切相关。正是这位发明大王为人类带来了直流电。

太阳能电池

视角延伸

直流电与交流电的区别

直流电和交流电究竟有什么区别呢？上面已经说过，交流电就是指大小和方向随时间作周期性变化的一种电流。交流电是用交流发电机发出的，这就跟直流发电机发直流电一样。在发电的过程中，有着多对按照一定角度均匀分布在一个圆周上的磁极，在发电的过程中，各个线圈就切割磁力线，这个时候，本已存在的多对磁极就会发生独特的作用，具体来说，就是指每对磁极产生的磁力线被切割产生的电压、电流的规律性变化，这种规律符合上文提到的正弦函数，所以能够不断地产生稳定的电流。交流电有它的固定频率，不同的国家会有所不同。国内交流电的频率一般是 50 赫兹，即每秒变化 50 次。有些国家交流电的频率是 60 赫兹，即每秒变化 60 次。当然也有其他频率，如电子线路中有方波的、三角形的等，但这些波形的交流电不是导体切割磁力线产生的，而是电容充放电、开关晶体管工作时产生的。

直流电毕竟和交流电不同，直流电的方向不随时间而变化。它们有脉动直流电和稳恒电流两类。不过，值得注意的是，脉动直流电中有交流成分，如彩电的电源电路中就含有脉动直流电，可通过电容去除其中的交流成分。稳恒电流则是比较理想的，大小和方向都不变。

7 强　电

娓娓道来

世界万物都有大小强弱之分，电流也不例外。那么，什么样的电可以称作强电呢？它和弱电的区别在哪里？下面我们就一起探讨一下这些问题。

我们对于电的直观印象可以大致分为强弱两种。这种区分很容易被我们所理解。比如，我们摩擦过的物体可以吸附一些微小的东西，在生活中我们会不时地碰到静电，还有，我们在做物理实验时，在实验室学生用的电源等。这些电都有一个特点，那就是它们都是比较“弱”的，它们虽然常见，但是能量非常小。

高压电

至于有着巨大能量的电能，那更是不胜枚举。天空中轰隆隆的闪电有着高达几十万伏的电压；发电厂发出的电要被升至几千甚至几万伏的高压才能畅通无阻地被送到需要它们的地方；就连我们平常使用的电器，也需要220伏的高压才能运转。这些就是我们下面要给大家介绍的强电。

通过上面的这样一番对比，相信大家都对电的强弱有了一个直观的感受。那么，强电究竟是什么呢？其实，强电并没有明确的标准来限定，只是一个相对的概念，是相对于弱电而言的。如果非要把弱电和强电区分开来，那就只能这样说了：强电的处理对象是能源（电力），其特点是电压高、电流大、功率大、频率低，这一点和弱电有着很大的不同。具体说起来，就是指弱电的处理对象主要是信息，也就是说，弱电主要应用于信息的传送和控制，其特点是电压低、电流小、功率小、频率高。它们两者主要关注的重点也不一样，强电应用中主要考虑的问题是减少损耗、提高效率；而人们对于弱电的处理则主要考虑稳定性问题，如信息传送的保真度、速度、广度、可靠性。

带弱电的干电池正极

视角延伸

电的强弱及其意义

在日常生活中，人们通过实践，对电的强弱大概形成了这样一种认识：在电力系统中，36 伏特以下的电压称为安全电压，1 千伏特以下的电压称为低压，1 千伏特以上的电压称为高压。

另一个值得注意的是配电线路，配电线路就是指直接供电给用户的线路，举一个简单的例子吧，如用户电压为 380/220 伏特，则称为低压配电线路，尽管名字中有了“低压”的字眼，但这个电压已经是家庭中使用的最高电压了。因此可以被称为“强电”。人们对于日常生活中电的强弱有着一个不成文的规定，那就是说强电一般是指交流电电压在 24 伏特以上。如家庭中用于电灯、各种电器等的 110~220 伏特的电压，都属于强电的范畴。强电在我们生活中的应用很广泛，家用电器中的照明灯具、电热水器、取暖器、冰箱、电视机、空调、音响设备等均为强电电器设备。与此相对比。家用电器中的电话、电脑、电视机的信号输入（有线电视线路）、音响设备的输出端线路等传输的均为弱电信号。

强电和弱电共同给我们带来了丰富多彩的生活，它们都功不可没。有了强电和弱电的搭配，我们的生活才会在电的指引下向着光明和幸福前进。

8 弱电

强电并不足以完全主宰我们生活的世界，事实上，有了弱电的点缀，我们的生活才会变得如此多姿多彩。你能举出弱电的例子吗？我们一起来看看吧！

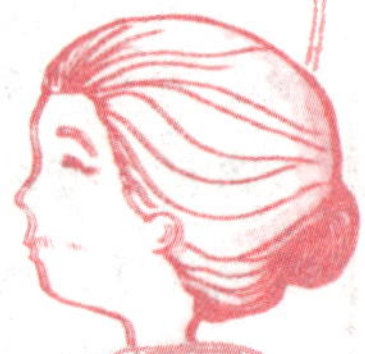

娓娓道来

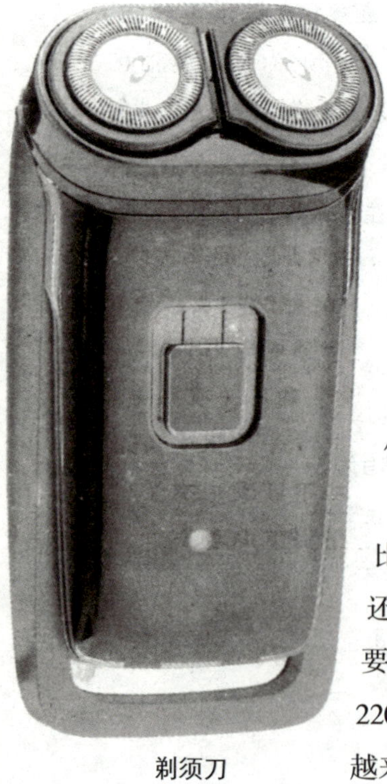

剃须刀

你们知道吗？手机里有一块小小的电池，它可以从 220 伏的电源插座上获取电能并存储起来，为手机供给源源不断的电能。

手机的电压只有 24 伏，这和电器的 220 伏的高压比起来，似乎显得有点“小巫见大巫”了。这样的例子还有很多，比如，男士的剃须刀的飞轮转得飞快，这也要归功于剃须刀里那枚小小的电池，它们同样可以接在 220 伏的电路中充电。这些小物件，在生活中发挥的作用越来越大，比如功能日益多样的手机。

随着这个过程的演进，弱电的作用和地位也日益凸显。弱电其实并不“弱”，只是它的电压较低而已。说到弱电，我们千万别以为它只能应用于生活中的小物件，其实，现代的高科技产品中也很容易见到弱电的身影。

手机电池

大家可曾听说过火灾报警系统？火灾往往让我们防不胜防，可是，人们研制出了一种自动报警系统来及时向人们预报火灾的发生。当火苗或浓烟使得周围空气温度升高，被这种装置“感觉”到时，报警系统就会启动，就在这一刹那，弱电就开始发挥其重要的作用了，它会直接让报警系统发出刺耳的警报声，人们一听到这种声音，就知道火灾要来了，赶紧把火扑灭，类似的装置都是弱电在发挥着作用。

火灾报警器

视角延伸

弱电的应用

弱电系统在我们生活中的应用越来越广泛。一般情况下，弱电系统主要包括：

（1）电视信号系统，如电视监控、有线电视。

（2）通信系统，如电话。

（3）智能消防系统。

（4）扩声与音响系统，如小区中的背景音乐广播，建筑物中的背景音乐。

（5）综合布线系统，主要用于计算机网络。

弱电应用是电力应用的一种，除此之外，电力应用还有强电应用。两者之间的区别就表现在输送功率的强弱上。强电应用方式主要向人们提供电力能源，将电能用于家用电器、照明以及其他动力用电，等等。

弱电在智能建筑中的应用主要有两种，一是指国家规定的安全电压等级及控制电压等低电压电能，如24伏特直流控制电源，或应急照明灯备用电源等，它们有交流与直流之分，交流36伏特以下，直流24伏特以下。二是如电话、电视、计算机等电器设备中载有语音、数据、图像等信息的信息源。人们习惯把弱电方面的技术称之为弱电技术。智能建筑弱电技术的基本涵义仍然是原来意义上的弱电技术，只不过随着现代弱电高新技术的迅速发展，智能建筑中的弱电技术应用越来越广泛而已。

9 无线电

娓娓道来

无线电是电的家族里最奇特的一种，看到这个词，我们可能会有疑问。无线哪来的电呢？下面就让我们带着这个疑问去认识一下无线电。

能为人类所利用的电不仅能够在有形的导线内流动，还可以在广阔的空间内传播信息。这虽然听起来非常不可思议，但却是被科学所证实并应用了的东西。

手机

当我们身处遥远的他乡，远离家里的亲人，思念的感觉总是不可避免地涌上心头。这个时候你会做些什么呢？如果你的身边正好有一部手机，那么，你肯定会迫不及待地给家里人打电话。可是，你可曾知道，家人的声音是怎样穿越千山万水到达你的耳畔的？这你也许就无法想象了。还有，你喜欢听广播吗？当我们拉出收音机的天线，只要稍微一调整，广播电台的声音就会源源不断地传到我们身边。这究竟是为什么呢？是谁在冥冥之中向我们传递着信息？我们能捕捉到这种神秘的物质吗？科学家告诉我们，这种东西就称作“无线电”。

那么，无线电究竟是什么呢？它为什么会这么神秘？无线电就是指能在自由空间（包括空气和真空）中传播的电磁波。对于电磁波这个名词，大家可能还是感到陌生。简单地说，只要有电流的地方，就有电磁波，电磁波就是电流对周围环境施加影响的一种表现。科学的解释就是指由同相振荡且互相垂直的电场与磁场在空间中以波的形式移动。无线电可以以光速在我们周围自由移动，我们看不到，也摸不着，可是它却能够把信息传递到我们所希望到达的遥远地方。

视角延伸

无线电技术与中国

清朝末年的时候，在西方已经被广泛应用的无线电技术终于传到了中国。这一年也就是1897年，即光绪二十三年。在这一年的5月2日（农历四月一），当时著名的报纸《时务报》在第25册中刊出了一篇具有划时代意义的译文《无线电报》，这位中国人开了风气之先，因为这是无线电报一词在中国的最早出现。从那时起，无线电技术经由期刊传播的序幕就被拉开了。可是，最早的时候，无线电技术在中国的传播还是很迟缓的，根据史料记载，早期的无线电技术传播主要以综合类期刊为主，且大多数只是一些介绍新鲜事物的文章。当这一新鲜事物引起了国人极大的兴趣后，才开始出现介绍无线电原理的科技类论文，值得注意的是，其中不乏最新的技术及发明的篇目。随后，无线电开始被越来越多的人了解，随着无线电技术的发展，在期刊中传播的内容也有所变化，这一时期的众多期刊中出现了大量法令性的文章。这是无线电将要在神州大地广泛传播的一个信号。我们可以看出，晚清后期期刊中传播的文章显示，中国人对无线电的认识已自成体系，这为其后专业期刊的出现以及学科建制的形成奠定了理论基础。

传奇四

飞电更相雷师怒——哲理典故

1 雷电交加

娓娓道来

雷电交加是我们经常见到的一个词汇，它的具体解释就是指又是打雷，又是闪电。交加的意思是一起袭来。这个词有比喻两种事物同时或错杂出现的含义。那么，这个词有什么渊源呢？我们一起来认识一下。

明朝有个叫凌濛初的人写了一部具有传奇色彩的短篇小说集，名字叫《二刻拍案惊奇》。他在其中的一个故事里说："忽然阴云四合，空中雷电交加，李三身上枷钮尽行脱落。"这里"雷电交加"就是用既打雷又出现闪电的场面来烘托人物所处的紧张、诡异的气氛。"雷电交加"这个词语在明代一出现，马上就受到众多文学家的喜爱。

明朝的另一位扎根于市井之中，并以写传奇短篇小说闻名的作家冯梦龙在他的传世之作《喻世明言》的第七卷里也用到了这个词语。他是这么说的："是夜二更，风雨大作，雷电交加，喊杀之声，闻数十里。"这里的"雷电交加"也是对雷雨中电闪雷鸣的场景的一个精彩描述。与此类似，我们可以用"风雨交加"来代替雷电交加。但雷电交加比风雨交加显得更诡异。交错出现的雷电构成了一种十分可怕的场景，既复杂又危险，正是祸不单行的表现。从这个词的字面意思来看，它仅仅指的是一种天气状况，但这种天气状况一方面有着千钧一发的紧张形势，一方面又非常危险、可怕。因此，作家们经常用这个词来渲染紧张、危险的气氛，借电闪雷鸣的场景来描写人物，表情达意。在文学作品中，“雷电交加”往往比喻复杂又危险的事情一起向一个人袭来，每当读到这个词的时候，我们的心情都会突然变得很紧张。

我们有时候不得不赞叹，天空中常见的雷电居然给了文学家们如此丰富的想象力。在大自然强大的雷电面前，人是微不足道的。

雷电交加的海面

视角延伸

从科学的角度看“雷电交加”

虽然“雷电交加”这个词把电闪雷鸣的景象描绘得相当精彩，但从科学上来说，雷和电却不是同时出现的，它们会有一个先后顺序。因为空气中声音的速度只有每秒340米，而光速却有每秒30万千米。我们平时一定会有这样的经历：往往是先看到闪电，才会听到雷声。因此，这里的“交加”我们不能理解成雷声和闪电同时出现，它们的出现是有一个先后顺序的。当然，如果不止有一声雷响，很多雷电集体现身，那样的话，不同的雷电交错出现，看上去雷声和闪电就会是同时出现的，在这种阴云变换、雷声隆隆的情形下人们往往无法看清这一点，因此，就会产生雷电一起出现的错觉。这种可怕的场景会使人们产生强烈的畏惧心理，总以为雷电同时现身会给人带来厄运，虽然这是一种迷信的说法，可是，雷电交加的场景却很容易进入文学作品中，为作家构造情景服务。

2 风驰电逝

娓娓道来

像风刮过、像闪电经过那样快，这是古人对于高速度的遐想。于是才有了“风驰电逝”这个词。那么，我们就从高速度说起吧！

这个时代人们都在追求高速度，什么都要以高速度为标准。出行要高速度，盖房要高速度，生活节奏也要高速度……这是一个速度主宰的世界，高速度的生活使我们血脉贲张，使我们追寻转瞬即逝的刺激以及短暂的麻醉。可是，我们会时不时对这种生活感到无限疲惫。有的时候，我们喜欢抛去一切外面的繁杂，静静地待在屋子里，拿出古人的文选，一边欣赏，一边休息。这还真是一种惬意的生活。

在我们的眼里，古人坐在幽雅的书房里研究学问，是不会像我们一样追求什么“高速度”的。我们都很喜欢古诗词里的那种波澜不惊的意境。可是，我们恐怕不会知道，特立独行的古人也会有疯狂的时候，他们会天马行空地去幻想一种在现实中根本无法达到的高速度，于是，天才的文学家们就创造了“风驰电逝”这个极富动感的词语。

从字面上来说，风驰电逝是形容像刮风和闪电那样迅速。创造这个词语的文学家是三国末年魏国的大文学家嵇康。他有一篇文章，叫《赠秀才入军》，里面有这样一句话：“风驰电逝，蹑景追风；凌历中原，顾盼生姿。”这是一个非常美的句子，场景庞大而瑰丽、雄奇。这句话写的是作家在想象中以极快的速度在大地上奔驰，一下子把几千里的景色都看到了，作家还幻想着自己能像雷一样在中原大地上响起霹雳的一声，展现出自己绝妙的身姿，以赢得世人的瞩目。在这里，作家表现出了他自己高超的才气与坚不可摧的意志，写出了一幅十分壮美的图景。

风驰电逝般的和谐号

视角延伸

文人的意志与风骨

风驰电逝这个词形象地表述了古人对于高速度的把握和对宇宙的幻想。一般具有这种意志的文学家都是一些非常特立独行的人，他们在现实的生活中往往不得志，于是纷纷寄托情感于文学的世界，用宏大的想象来描述他们幻想的世界，在这种幻想的世界里他们会得到一种精神的满足。就以创造这个词的嵇康来说，他本身具有高洁的品质，看不惯权贵把持朝政，作威作福，于是就远离官场，隐居深山，过着一种悠然自得的生活。可是，权贵还是不肯放过他，既对他百般拉拢，又威逼利诱。生性狂放不羁的嵇康心中有很多不平之气，只好通过文学的渠道来抒发。他构想的这个伟大的人物有着像雷电一样的速度，当然会超越尘世，傲然独立，这正是嵇康所追求的人生境界。这种精神境界不断鼓舞着一代又一代人，最终成为了文学史上的佳话。嵇康是永远值得我们后人铭记的。同样的例子还有屈原，他幻想着和雷电同行，驰骋于九天之上，在现实生活中，他也是一个不得志的典型。

3 风驰电骋

娓娓道来

用闪电和雷鸣来比喻极快速度的选择一直被历代的文学家们所追捧，除了嵇康外，很多文学家都在这一方面进行了极富才气的创造。我们就一起来了解一下古人是怎么创造出“风驰电骋”这个极富动感的词吧！

嵇康画像

早在嵇康之前的汉朝，就流传着一个用闪电来描述速度的十分精辟的词语：风驰电骋。下面就简单地介绍一下这个词的“身世”。

风驰电骋最早出现在汉代严遵的一本书《道德指归论·至柔》的一句话中：“字曰至柔，名曰无形，是以无形之物不以坚，坚不以壮。壮，故能敝天地，销铜铁，风驰电骋，经极日月，周流上下。”

与上面的风驰电逝比较起来，风驰电骋着重突出一个“骋”字，这个“骋”字是十分生动的。“骋”即驰骋，表现出闪电在天空中无拘无束的游荡状态，更富气势和动感。这与“风驰电逝”中的“逝”不同，“逝”表示消逝，由存在到虚无，用在这里，就是指闪电出现之后就很快消逝不见了，着重于抓住人们对于闪电的那种转瞬即逝的印象，表现出一种飘忽的场景。而“风驰电骋”就不是这样，电在天空中驰骋而不会消失，人的思维仿佛要跟着快速游移的闪电而到达千万里之外的地方去。

风驰电骋的闪电

从上面的这番叙述中，我们可以大概了解到这两个词的不同之处，我们不得不佩服古人语言应用的精确与变化。细细品味这个词，似乎表现出了古人对转瞬即逝的闪电的一种感性的把握。感性的力量是无穷的，感性就是想象，想象中才能有文学。文学家以非凡的创造力和想象力为我们创造出精妙的词语，品味这些词语可以获得心灵的启迪。

视角延伸

认识“驰骋”

“风驰电骋”中的“驰”和“骋”体现了古人对遣词造句的独特思考。“驰”和“骋”都有一个“马”字旁，这说明它们和马有着密不可分的关系。如果我们去查辞书，就会发现，这两个字组合在一起的原意就是指马匹在空地上快速自由地奔跑，后来，这个词被用来形容速度快。从这个词的演变中，我们可以看出在历史上人和马的亲密关系。在没有汽车、火车、飞机的年代里，马是人类重要的交通工具，好的马被称作“千里马”，马日行千里，这样人们进行信息交流、外出办事就很方便。所以，用来形容马的词就慢慢变成了形容速度快的专用词。马的奔跑是古人对高速度最直接，也最感性的认识，用来比喻雷电的高速度，体现了古人丰富的想象力和对自己生活的观察和体会。把天上的情况和地上的情况作一个类比，使人对快速运动的雷电也有了一种比较清楚的认识。在古人看来，雷电的速度如此迅速，肯定会像骏马一样在天空中驰骋的。这是古人的一种奇特想象。我们也可以学学古人，把移动快比作“驰骋”，比如，汽车在草原上驰骋，等等。

4 追风掣电

骏马奔腾的壮美景象很容易被古人和天空中威力强大的风和雷电联系起来，于是便有了“追风掣电”这个词，下面就让我们一起来了解一下这个词吧！

娓娓道来

不仅地上快速奔跑的骏马可以用来形容天上瞬息万变的雷电，聪明的古人也会用雷电的迅速来形容万马奔腾的壮观气势。

“追风掣电”就是这样的一个词。对于这个词的解释是形容速度极快，多指马飞速奔驰，同“追风逐电”。这个词展现给了我们一幅壮美的画卷。请想一下，万马奔腾，无数坚实的马蹄在大地上踩出了惊天动地的声响，像鼓点一样密集，轰隆隆连成一片，那声势确实大得惊人。

万马奔腾

你想过没有，那密集的马蹄声是不是和暴雨雷鸣的声音有些相似呢？马蹄可以在大地上踩出轰隆隆的声响，同样，雨点也可以。这样，我们的祖先很快就把这两件本不相干的事物联系起来了。这个词最早出现在宋朝一个叫张淏的人的一篇文章中，请大家记住这篇文章，它的名字叫《云谷杂记·侍郎徐公帖》，其中有这样一句话："愿得侧翅附鸿鹄，追风掣电凌太空。"这句话体现了文学家对于心中世界的独特想象。他幻想着自己生出一双翅膀，可以像大雁一样遨游天际，在浩瀚无垠的太空中去追逐闪电和飓风。

追风掣电的马群

这句话所表现的空间极其广阔，体现了文学家对宇宙的独特思考。时间是永恒的，人生只是一瞬间；宇宙是广大的，地球只不过像一粒微尘，那么，诗人对于苦短的人生就产生了一种神奇的想象，他想高飞太空，追寻闪电，这样就能摆脱生命的平凡和短暂了。

浩瀚宇宙

视角延伸

“追风掣电”的近义词有多少

汉语是博大精深的，不仅用简单的几个字就能表达出既丰富又境界壮丽的含义，而且，汉语的每一字都以它独特的内涵，与意思相近的字组成了不同的词，它们虽然意思相近，但用在不同的地方就会产生不同的含义，境界十分微妙，需要我们用心去体味。汉字的数量虽然不多，但组成的词语却各种各样，蔚然大观。从“追风掣电”的近义词中我们就可以见识到这一点。你见过这些词语吗？

飞云掣电	逐日追风	轰雷掣电	流星掣电
追风逐日	蹑影追风	驱雷掣电	逐电追风
追风掣电	追风蹑景	追风蹑影	追风逐影

这些词语都有一个共同的特点，它们都是对速度快的描述，都用了比拟的方式表现了古人对于速度的追求和想象。这些比拟，有风，有雷，有电，有景，有云，有星，有影，分别体现了文学家对自然现象的不同感知和个性把握。这些词中的动词也是丰富多彩的，其中的“追”强调在事物的后面奔跑想赶上，而“逐”则强调赶上之后，有驱逐使事物从一个地方离开的意思，它们虽然含义相近，但细细推究起来还是有一定的差别的。这一点需要好好把握。

5 星流电击

娓娓道来

转瞬而逝的流星是夜空常见的点缀，聪明的古人很早就开始观察流星，并给我们留下了“星流电击”这个词，下面就让我们一起来了解一下这个词吧！

“星流电击”中的“星”指流星，“电”指闪电，这里是用稍纵即逝的流星和闪电来比喻形势发展的迅猛。让我们来了解一下这个词的释义吧：星流电击是指像流星一闪而过，如雷电突然袭来。形容迅猛异常。

流星

相信大家对于这个词已经有了一个初步的了解了吧，那么，这个词是从哪里来的呢？专家说，古代的《周书·晋荡公护传》中有这样一句话：“更集诸部，倾国齐至，星流电击，数道俱进。”这里说的是什么意思呢？原来，这里是在说古代打仗的时候，统帅一声令下，这个国家所有的人都纷纷响应号召，过来当兵。很快，部队就集结好了。然后，马上就开始了急行军，这里还说，军队行动的速度像闪电和流星一样迅速，庞大的队伍沿着好几条道路齐头并进。这是一幅多么威武的画面呀！

这个故事背后赞扬的是国家的强大和团结，国家一旦有事，人民就很快响应国君的号召，以极大的热情投入战斗。从中，我们可以看到作家对于国家的热爱和对国家统一的维护，用流星和闪电来喻示国家的军队势不可挡，国家局部的骚乱在这样强大的军队面前很快就会灰飞烟灭。正是有了这种爱国的豪情壮志，古人才会创造出像“星流电击”这样气势恢宏的词语。

苏军的急行军

视角延伸

流星和闪电

在“星流电击”这个词里，为了形容速度快，就使用了星的“流”和闪电的“击”这两个动词。这里，我们有必要对流星的流动和闪电的击打作一个科学、详细的了解，从古人的词汇中发掘出现代科学的内涵。对于流星的科学解释：流星是指运行在星际空间的流星体（通常包括宇宙尘粒和固体块等空间物质）在接近地球时由于受到地球引力的摄动而被地球吸引，从而进入地球大气层，并与大气摩擦燃烧所产生的光迹。宇宙中尘粒和固体块与庞大的地球比较起来是十分微不足道的，在强大的地球引力的吸引下，它们只能以极快的速度向地球靠拢，然后在剧烈的燃烧中迅速消失。这就是对飞速流逝的流星的科学解释。而电击则更多指的是闪电在短时间内强大的破坏力。在电闪雷鸣的雨夜，剧烈的闪电把数量庞大的电荷迅速地带到地面，一旦和地面物体相遇，强大的电荷就会造成巨大的破坏。这里用的“电击”就是用来比喻军队的势不可挡，有闪电那样的威力，不仅行军迅速，而且一旦和敌人相遇，就会很快给敌人造成巨大损失。古人在这个词里包含的感情还是十分丰富的。天空中的风雷雨电都已经成为了文学表达的精彩部分。

6 投壶电笑

娓娓道来

一般来说，闪电和暴雨总是形影不离，它们一前一后地出现，配合紧密，就像一对好朋友。可是，有的时候，竟然会出现只有闪电却没有雨的情况，仿佛是上天给人开了一个大玩笑。“投壶电笑”这个词就是用来形容这种状况的，下面就让我们一起来了解一下“投壶电笑”这个词吧！

“投壶电笑”这个词有着拟人化的描写，我们一起来想象一下这么一个故事：一天，天帝让雷神和雨神一起到人间降雨，雷神先到了，而雨神却喝醉了酒，躺在家里睡大觉，把出来降雨的事情忘得一干二净。雷神左等右等等不来雨神，又不敢违抗天帝的旨意不去按时打雷，于是，他就自己空打了几声雷，放了一通闪电，然后自己就回去了。人们先是被轰隆隆的雷声和明亮的闪电吓了一大跳，最后却连一滴雨也没有，于是大家便纷纷大笑起来。

这个故事是不是很有意思呢？这是流传得比较广的一个通俗的故事。其实，古代典籍中的记载和这个故事有点不同。“投壶电笑”这个词最早出现在古代的《神异经·东荒经》这本书中，是这样说的：“东荒山中有大石室，东王公居焉……恒与一玉女投壶，每投千二百矫，设有入不出者……矫出而脱悮不接者，天为之笑。”这里说的是两个人投壶，投机取巧，被上天笑话的故事，晋代的张华注释说：“言笑者，天口流火照灼，今天不下雨而有电光是天笑也。”这里就是用天边像电一样的云彩来说明上天在“笑”，古人的想象还真是神奇。

神话中的雨神

视角延伸

投　壶

这里介绍一下关于古代投壶游戏的一些事情，供大家参考，以便更进一步地了解“投壶电笑”这个词的内涵。

投壶是一种古老的礼俗，有着悠久的历史，最早在战国时期就已经出现，和古老的“射礼”有着很深的渊源。投壶一直延续至清末，是一种汉民族传统礼仪和宴饮游戏。它产生的原因是，古人在饮宴时，由于庭院不够宽阔，不足以张侯置鹄；或者由于宾客众多，不足以备弓比耦；或者有的宾客的确不会射箭，故而以投壶代替弯弓，以乐嘉宾，以习礼仪。宋吕大临在《礼记传》中云：“投壶，射之细也。燕饮有射以乐宾，以习容而讲艺也。”实际上，投壶的操作非常简单，就是人拿着箭并把箭投入远方放置的一个空壶当中去，看谁投入得多。投壶也需要一定的技巧，是对自己观察力、投射技巧、细心程度的一个很好的锻炼，这种游戏玩起来还是十分有趣的。投壶有一定的规则和步骤，投不中的人要罚酒。投壶还分局，投固定数量的箭为一局。以胜局的多少来定胜负。投壶这种从容安详、讲究礼节的活动，正适合士大夫的需要。后来，由于社会发展，民间以投壶为乐的现象越来越普遍。历朝历代的人都喜欢这种活动，因此。投壶作为一种文学典故得以一直流传到今天。

7 流星飞电

娓娓道来

一旦一件物体被称作“流星飞电”，那么，它的速度一定是快得不可想象了。这个词在古文中产生，被文人们用得神乎其神，下面，就让我们一起来感受一下吧！

屠隆画像

“流星飞电”这个词最早出现在明朝屠隆的一本叫《彩毫记·湘娥访道》的书中，里面有这样一句话：“人世是流星飞电，荣华才转眼，似车轮下坂，弩箭离弦。”这句话里的“流星飞电”就是用来形容人生光阴易逝，世事变化无常的。

同样的例子还出现在我国四大名著之一的《水浒传》中，其中第七十回有这样一句："手起处真似流星飞电，石子来吓得鬼哭神惊。"这里的"流星飞电"是一个很生动的比喻，说的是梁山好汉没羽箭张清擅长用石子打人，他抛出的石子又快又猛，常常打得对手措手不及。

同样是形容速度快，这个词和其他词却有着明显不同的特点，这就在于"流星飞电"这四个字中没有动词，只是两个名词"流星"和"飞电"的组合。因此，这个词也只能被当作名词来对待。

举一个例子，汽车跑得快，你可以说汽车风驰电掣，却不能说汽车流星飞电，你只能说，汽车是流星飞电或者汽车像流星飞电。这就是名词性的词

飞速的流星

所具有的特点。这些词虽然缺少动词，但却有着更为丰富的内涵。说一个物体的速度快，只说是流星、是飞电就足够了，看到流星和飞电两个词，我们就能想象到速度有多快。而至于流星和飞电究竟是怎样移动的，那只有靠想象来填补。这就给我们留下了足够的想象空间。

视角延伸

飞电是什么

什么是飞电呢？其实“飞电”这个词在古人的文献中有多次出现，古代人对于“飞电”有两种解释：

（1）闪电

晋代潘岳的名著《萤火赋》中有这样一句话：“熲若飞电之宵逝，彗似移星之云流。”唐代诗人刘长卿写了一首题为《宿侯尊师草堂》的诗，

飞驰的汽车

其中说："一从换仙骨，万里乘飞电。"明代的刘基在他的《书苏伯修御史断狱记后》中也留下了精彩的句子："阴风鸣条，飞电闪烁。"还有马君武的《从军行》中的一句话："北狄寇边群，飞电羽书急。"这里的"飞电"指的都是闪电。

（2）马的名字

宋代的苏轼在他有名的《申王画马图》诗中说："当时不独玉花骢，飞电流云绝潇洒。"还有名著《三国演义》第二十回的句子："曹操骑爪黄飞电马，引十万之众，与天子猎於许田。"实际上，这里把马称作"飞电"，还是用闪电的迅速来形容马的机敏、反应快、爆发力强以及有耐力等，这里用的也是一种形象的比喻。

8 雷惊电绕

娓娓道来

人都说，文人心中自有沟壑，就是讲读书人独特的胸襟和见识，虽在书斋之中，仍能通过阅读来了解外面的一切。“雷惊电绕”这个词就和文人的这种性情有很大关系，让我们一起来了解一下吧！

我国的书法艺术源远流长，是独具特色的中国传统艺术。历史上很多人都对书法有着独具个性色彩的创造。

古代的书法就是写毛笔字。那么，写毛笔字仅仅是写字而已吗？除了写字以外，它还讲究什么呢？其实，古人很早就告诉我们，写毛笔字的时候要心平气和，通俗地讲，就是不要浮躁，既不能太高兴，也不能太悲伤，这样才能专心致志于写字上，才能写出好字。这种说法是很有道理的。

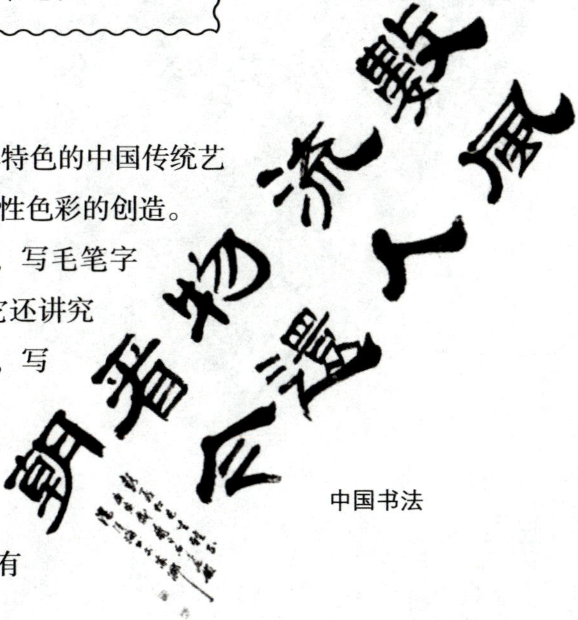

中国书法

了解中国古代的书法对于明白“雷惊电绕”这个词的具体含义有很大的帮助，因为，“雷惊电绕”这个词就是比喻落笔如飞的笔画。当然了，这只是个引申的意思，单纯从字面上理解，这个词说的还是雷鸣电闪。

第一个用这种描述雷鸣电闪的词语来形容写字笔画的，是宋朝的文人何

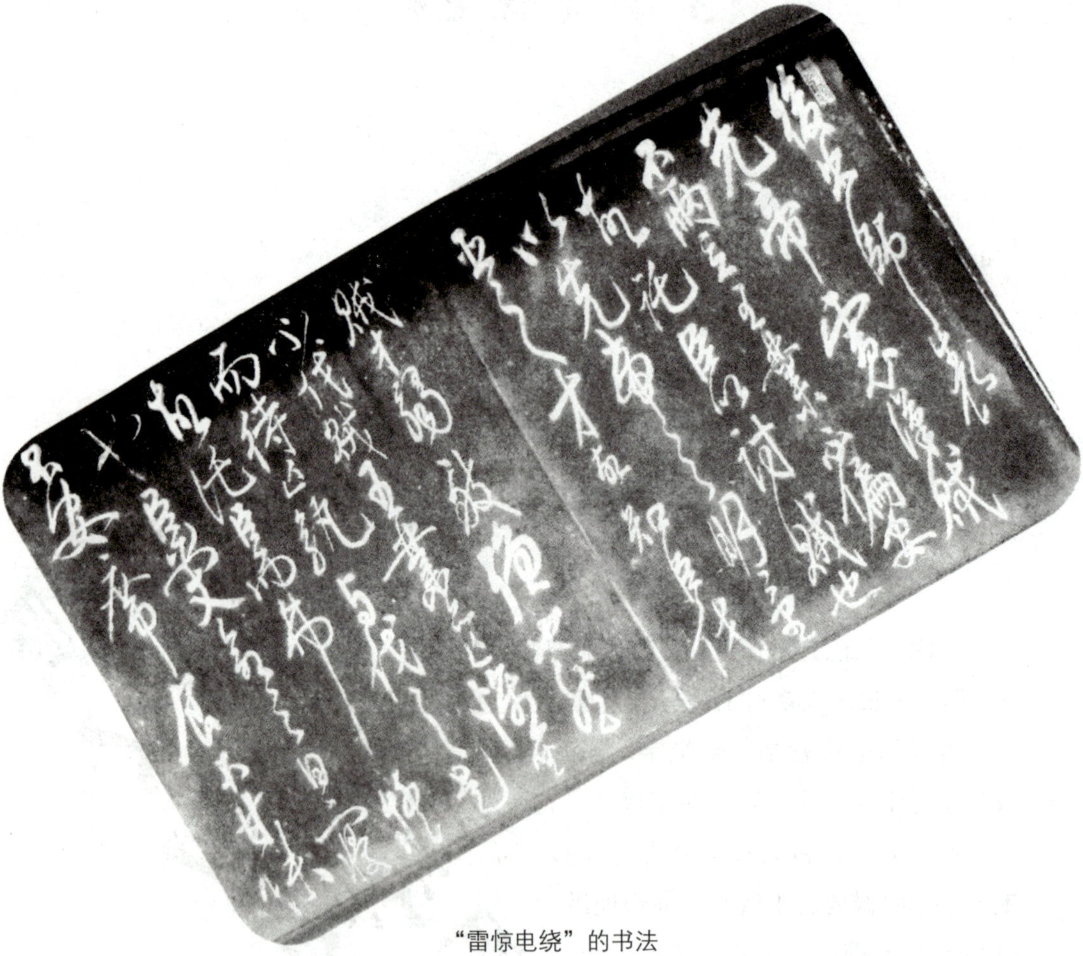

“雷惊电绕”的书法

蘧，他在自己的作品《春渚纪闻 · 赵德麟跋太白帖》中说："虽自九天分派，不与万李同林。步处雷惊电绕，空余翰墨窥寻。"这里的这个"雷惊电绕"是用来评价李白的书法的。何蘧在这里说他看李白的书法就好像蛟龙飞上了天一般，蛟龙每走一步都惊心动魄，仿佛时时刻刻有雷电跟随。

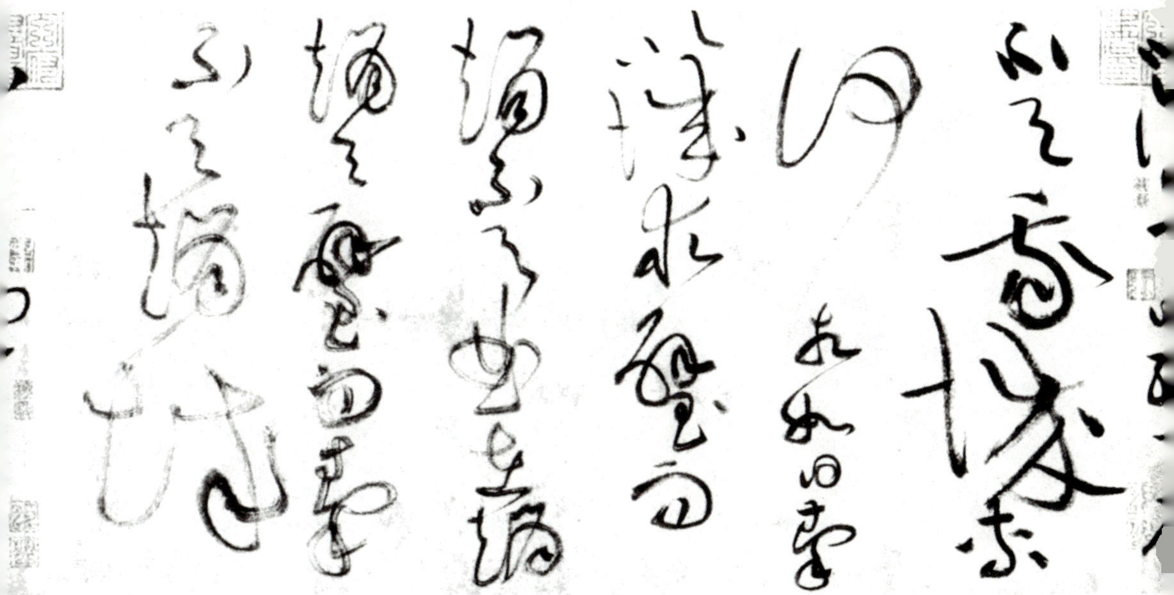

龙飞凤舞的书法

视角延伸

我国的书法艺术

书法艺术是独具魅力的，“雷惊电绕”这个词让我们窥见了书法魅力的冰山一角。这是因为书法艺术最典型地体现了东方艺术之美和东方文化的优秀，所以它是我们民族永远值得自豪的艺术瑰宝。它具有世界上任何艺术都无与伦比的深厚群众基础和艺术特征。在现代生活中，书法艺术愈加受到大家的青睐。书法和时代是紧密联系的，不同时代的书法体现出的时代精神也不相同，比如，历史上的这种说法“晋人尚韵，唐人尚法，宋人尚意，元、明尚态”，就是对中国各个历史时期书法特点的概括。我们还需要了解一下书法的发展历程，这对于我们了解民族历史，感悟中华文化的博大精深是很有帮助的。大体上，书法的发展历程为：甲骨文、金文演变而为大篆、小篆、隶书，至定型于东汉、魏、晋的草书、楷书、行书诸体。

9 雷嗔电怒

娓娓道来

我们生活中有些人动不动就发脾气，我们有时很想说他们，却找不到合适的词语，可是古人却会说："这个人可真是雷嗔电怒啊！"下面，就让我们一起来了解一下这个词吧！

曹雪芹画像

雷嗔电怒究竟是什么意思呢？嗔就是生气的意思，这个词是用来形容非常愤怒，气势汹汹的样子，像猛烈的雷电那样。用猛烈的雷电来形容发怒的人，这个绝妙的主意是谁想出来的呢？

我们都知道清代的大文学家曹雪芹写了一部很有名的书叫《红楼梦》，里面的第七十七回中就有一句："宝玉只知道王夫人不过来搜捡搜捡，无甚大事，谁知道竟这样雷嗔电怒的来了。”这是“雷嗔电怒”这个词的最早出处。

一个人要是真的发起火来，谁去劝都没用，实在是非常吓人，就像雷和电一样一发不可收拾。雷电不仅可以用来形容速度，也可以用来形容怒火。相比之下，用雷和电形容怒火更会给人深刻的印象。

我们想想看，一个人在发怒的时候，他的脸会变色，他的举止会疯狂，而且每个人发怒时的表现都不一样。因此，仅仅把“雷嗔电怒”这个词摆在你面前，你就会联想到有关于这个发怒的人的许多东西，这就是语言背后的内涵。这个词和用雷电来形容速度的词语比起来，它出色的地方就在这里。拿这段红楼梦的引文来说，王夫人发怒了，后果自然很严重。王夫人在家里说一不二，权力很大，一旦她发怒了，很多人会遭殃。这里的“雷嗔电怒”这个词就给我们留下了关于王夫人发怒的恐怖印象。

发怒的人

视角延伸

怒发冲冠

用雷和电来形容的发怒指的是暴怒，是发怒中情况最严重的一种。同样用来形容暴怒的词就是“怒发冲冠”。这个词是什么意思呢？就是说人的怒气很大，气得头发直竖把帽子都顶起来了。这让人多少有点不可思议。其实，这也很好理解。这是从古代留下来的词，最早出现在南宋民族英雄岳飞的词《满江红》里：“怒发冲冠，凭栏处，潇潇雨歇。”这里指的是岳飞因国破家亡而愤怒得头发直竖，把帽子顶起来了。我们知道，古人是扎发髻的，就是把头发系一个疙瘩在头顶上。古人所说的“冠”很小，只是用来把头顶的发髻装在里面，而不是把整个头都装进里面。这样，古人在发怒的时候，脸上的肌肉就会抽搐，头顶系紧的头发就会拉直，就很容易把头顶上那罩住发髻的小小的“冠”给顶起来了，这就是古人所说的“怒发冲冠”。今天的人不论怎么发怒，也是不会把帽子顶起来的。因此，“怒发冲冠”只是古代的特殊现象。与此相关的典故还有明朝的“冲冠一怒为红颜”。

10 击电奔星

娓娓道来

用来形容速度快的比较大气、正式的用语就是“击电奔星”。“击电奔星”这个词是谁创造的呢？下面，就让我们一起来感受一下这个词吧！

中国古代有一本书，名字叫《敦煌变文集·伍子胥变文》，其中就有一句话是这样说的：“天兵有限，不可久停，马乃击电奔星，行至子胥妻舍。拟迎妇归吴国。”这其中就包含了文学家丰富的想象。

在大兵压境的时候，人的处境十分危险，唯一能够想到的事情就是赶快逃跑。于是，在这种千钧一发的情形下，马匹作为当时人唯一能依靠的交通工具，真好像流星和闪电那样飞奔着，带着人脱离虎口。从这里我们能够读出在紧急的情况下人急于逃生的紧张气氛。这个词显得恢弘而大气，是非常典雅的书面用语。

让我们再来品味一下这句话：“天兵有限，不可久停，马乃击电奔星，行至子胥妻舍。拟迎妇归吴国。”它的表达简洁而清晰，节奏感分明，词句很有气势和感染力。因此，它所创造的“击电奔星”这个词也就成了表现快速度的传神的书面语，这是和文学家的修养分不开的。闭上眼睛，我们似乎能想象出一匹骏马在茫茫的原野上飞奔的场景。飞奔的骏马是力量和速度的象征，这就和天空中的雷电有了一定的相似之处。尽管“击电奔星”这个词不单单用来形容马，但是它所蕴含的那种力量和境界还是让人感到有一种骏马奔腾般的气势恢宏的美。

伍子胥画像

视角延伸

风雨雷电在语言里的其他内涵

风雨雷电在我们的语言中还有其他更为丰富的内涵。我们的祖先很早就注意到，经历风和雨打击的事物很容易毁坏、腐朽，于是，风和雨在成语里更多的被用来表现岁月沧桑的无情。这样的词语有很多：雨井烟垣、雨淋日晒、雨淋日炙、风雨如晦、惨雨酸风等。风雨雷和这些伤感的词连接起来，就能表现出更为凄凉的内容。或是风雨中的一个场景，或是疾风暴雨的无情，人看上去总是不免伤心。这个时候，多愁善感的文人们就会把自然、外界的沧桑巨变和自己的境遇结合起来，一个劲地在作品中书写自己是如何如何不幸，自己有多大的才华然而总是不被人理解，自己就像被人丢在泥土里的珍珠。这些就是对现实社会的愤愤不平了，从文学作品中去看这些词语，我们就会更深一层地感受到人在孤单落寞时所具有的那种心境。自然无情人有情，在以后的人生中难免也会遭遇类似的情景，我们通过这些词语，可以感受到母语的无限魅力，也可以认识到人的思想的丰富。就让我们一起来学会应用这些词语吧。

传奇五

左盘右蹙如惊电——古今趣谈

1 浪漫爱情的撞击——放电

娓娓道来

爱情是人类最美好的情感，陶醉在爱情里的人都会感到无比的幸福。可是，你知道一段美好的感情究竟是怎样开始的吗？这就不得不提到“放电”这个词了，下面，就让我们一起来感受一下吧！

我们在电视剧中往往会看到这样一种场景：当一个人看到他（她）喜欢的人时，眼睛里就会冒出激动的火花，这就是“放电”的第一步。然后，如果我们紧盯着电视屏幕，我们往往会发现，戏剧性的一幕就出现了。一旦一个人对另一个人“放电”，那个人马上就会感觉到，并且马上就被对方放出的“电流”击中了，然后他（她）的心就会怦怦地跳，脸上就会因为害羞而变得通红。看来这个时候害羞的人已经了解了另一个人的心意，知道别人在喜欢自己，并且自己也喜欢对方。这就是“放电”的第二步，也只有在这个时候，一次完美的“放电”才真正完成。

用放电这个词来表现两个深爱的人的眼神交流，并彼此产生震撼真是太形象不过了！电迅疾无比不可捉摸，尽管完美但一般很难感受到它，然而它却是威力惊人，我们最常感受到的还是强大的电流造成的结果，比如，雷电可以给建筑、树木带来巨大的破坏等。彼此相爱的人在一瞬间的眼神交流中，爱情的火花在一瞬间被点燃，这种激情会像电流一样击中人的全身。电是可怕的，也是有趣的，比如，用“放电”来比喻爱情的火花就会给人带来无限的趣味。人被电击中后会失去行动能力，而人在沉迷于爱情时也会不由自主地去做一些疯狂的事情，那就仿佛自己的行为被控制了一样，这和被电流击中简直有异曲同工之妙。

视角延伸

放电的科学内涵

用“放电”这个词来描述男女之间爱情的火花只是一种形象的比喻，其实，“放电”这个词是有它的科学含义的，下面，就让我们一起来感受一下吧！

放电的基本概念就是使带电的物体不带电。值得注意的是，放电并不是消灭了电荷，而是引起了电荷的转移，正负电荷抵消，使物体不显电性。放电可以分为四种情况：

（1）接地放电

由于地球是一个导体，而且非常大，所以把电导入大地就像往大海里灌水一样，电很快被放完了，而地球却没有明显地带电。

（2）尖端放电

带电导体尖端的电场最强，以致于空气被电离。由于离子间的作用力，带电离子不断散开，使带电导体放电。

（3）火花放电

电场强到一定程度，空气就会被电离成为导体，并产生电流，使电荷被中和，发出光和热，并产生声音。火花放电一般持续时间很短。

（4）中和放电

当等量异种电荷相遇时，会互相吸引，形成电流，使正-负电荷的作用相互抵消，不显电性，这实际上是电子的扩散。

2 智慧灵感的来源
——电火花

娓娓道来

在漆黑的夜空中，一片死寂。两根巨大的金属导线静静地躺在那里，默不作声。就在没人注意的时候，一股小小的电流迅速地跨越两根金属导线端头的空间，霎时间，茫茫的夜空里出现了振奋人心的火花！就让我们一起来走近电火花吧！

一位科学家每天要做的事情就是思考。科学家的眼光独特而深沉，他们总能在我们丝毫没有注意到的事情之间发现它们的联系。可是，这种联系是怎么被发现的呢？还有，我们身边林林总总的事物，到底哪个和哪个有联系呢？

思考这些问题绝对是让人非常头疼的。不仅我们头疼，就连博学多识的科学家也常常会为这些问题而感到非常苦恼。他们成年累月地想着某一个问题却迟迟得不到答案，但时间往往会证明，他们的这种努力是不会白费的。往往，在一个毫不起眼的早晨，科学家们暂时放松了紧张的心情，陶醉在短暂的平静生活中时，突然，一线灵光从他们的脑海中闪过，他们苦苦思索的东西突然有了答案！暂时的放松使科学家得以从一团乱麻的思绪里解脱出来，找到解决问题的捷径。这就是人们眼中的“电火花”。

在富有想象力的人眼里，电流的突然冲撞产生了电火花，就好比不同的想法在一个人的脑海中自由地交流、融合，从而产生出一种全新的想法。这种想法的产生是不期而遇的，我们无法预料。电流以迅雷不及掩耳之势互相冲撞，冒出火花，这简直和人们脑海中一闪而过的灵感一模一样！因此，“电火花”这个词语就成了专门用来描述人突如其来的灵感的一个词语，大家是不是觉得用这个词来描述“灵感”这个抽象的东西很适合呢？

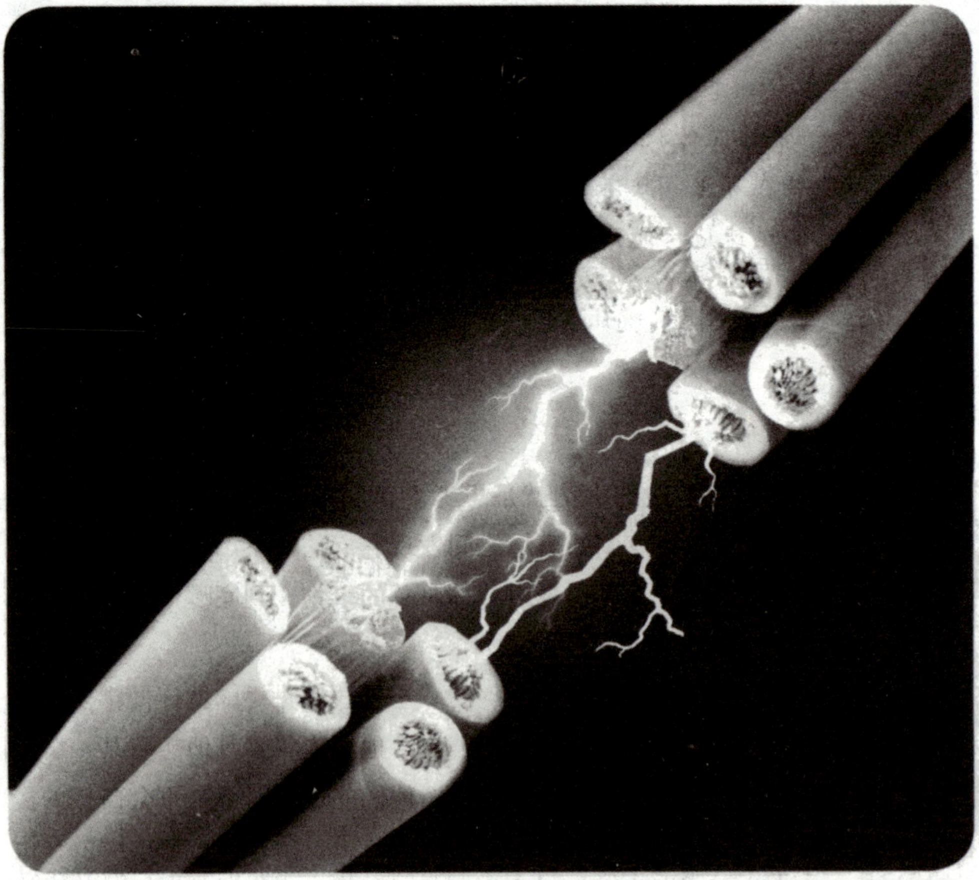

电火花

视角延伸

电火花工艺

从科学上讲，电火花这个词指的是一种加工工艺，而不是指人的灵感突现。下面，就让我们一起来了解一下科学家眼中的电火花吧！

简单地讲，电火花工艺就是用一个充电的物体接触其他物体，在电流的强大作用下，那个没有带电的物体就会被灼烧切割出所需的形状。这就是说，一个带电的物体接触一个不带电的物体，那么，带电的物体和不带电的物体之间就会产生电火花。这是电火花工艺的基本原理。

3 生命活动的轨迹——心电图

娓娓道来

人在重病的时候，有时会昏迷不醒，但只要这个人的心脏还在跳动，这个人的生命就还存在。那么，我们是怎样检测一个人的心脏是否在跳动的呢？这就不得不提到“心电图”这个词了，我们一起来认识一下吧！

心电图的原理是什么呢？大家肯定听说过，某个人被电击的事件吧，从人被电击这个事件里我们会看出，人也是导体，电流会进入人的体内，强大的电流还会给人带来极大的伤害。可是，我们的身体里也存在着电流，这恐怕是你无法想象的。

我们平常的食物里含有很多微量元素。食物进入我们身体之后就会被分解。它们的分子分裂成好几个原子，有的原子含有的电子数多于它们原子核里的质子数，就带负电；有的原子里含有的电子数比它们原子核里的质子数少，它们就带正电。这样，我们的身体里也存在着电荷。如果这些电荷流动起来，就成为电流了。话题还是回到心脏上面。心脏跳动的一个结果就是全身的血液开始流动，而血液的流动会不可避免地使得我们身体中的这些电荷产生移动，而电荷一移动，电流就产生了。随着心脏砰砰砰地跳动，我们身体里的这些电荷的移动就会时快时慢。身体里电荷流动的轨迹就能够显示出心脏跳动的状况，把身体电荷的移动轨迹表示出来，就是心电图。因此，说心电图是生命活动的轨迹，一点也不为过。

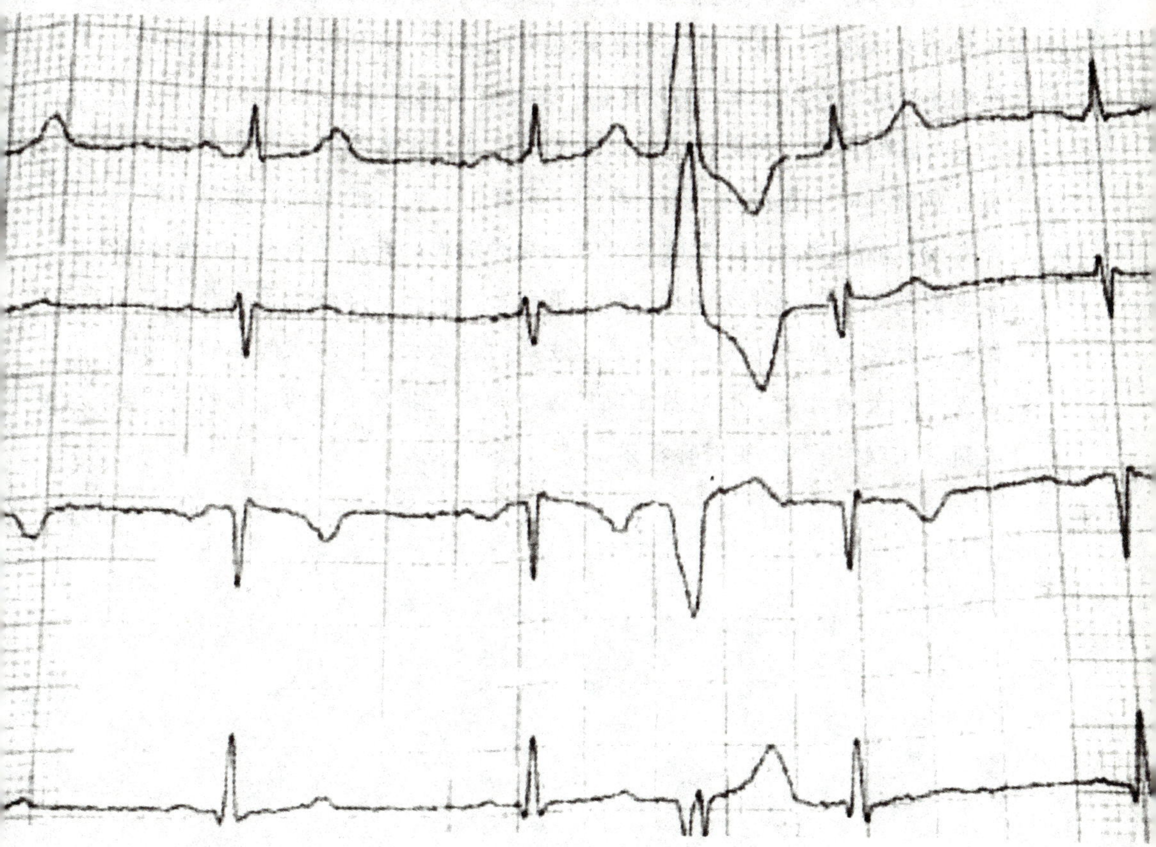

心电图

视角延伸

心电图的原理

那么，我们怎样来测心电图呢？首先，我们要向人体“充电”，在身体上放置两个电极，一个正极，一个负极。把电极的导线接在检测电流的机器上。这样，我们身体里的电流就会经过正极、导线，流向负极，我们的身体就和电极、导线共同构成了一个闭合的电路，我们的身体就是这个电路的一部分，就相当于接在导线上的一个电源。在心脏的跳动下，我们的身体这个“电源”放出来的电时大时小，时快时慢，这些都可以用特殊的机器检测出来，并绘成图，这就是心电图了。

心脏的异常变化会通过心电图表示出来，正常人心电图的波和心脏有毛病的人心电图的波是不一样的，这样，我们就能通过心电图了解一个人心脏的健康状况，及时发现心脏病的病因，并早早治疗。正常人的心电图呈现出有规律的波折，形状很稳定，而一旦心脏出了毛病，心电图就往往会呈现出不稳定的状态，波线的起伏大小、起伏间隔的时间就会发生很大的改变。心电图在现代医学领域是非常重要的，它的发明者是荷兰生理学家 W. 艾因特霍芬。

4 能量的变身——电池

娓娓道来

电的一个特点就是来无影去无踪，稍纵即逝。可是，聪明的人类却能想出办法把电流给储存起来，这就是电池。对于电池，恐怕大家都不会感到陌生。在我们的生活中可以看到形形色色的电池。但是，你知道电池为什么能储存电能吗？电池还有什么特点呢？就让我们一起来认识一下电池吧！

电池要想在电路中发挥作用，就必须有一对电极，正极和负极。每个电池的身上都有正负极，因为电池种类的不同，正负极的位置也不一样。电流是由电荷流动产生的，电池中必然存在着大量的电荷。电荷就是带正、负电的基本粒子。

那么，电荷是如何被储存起来的呢？以可以充电的电池为例，在接通电源后，外界的电流进入电池，在电流的作用下，电池里的物质就会失去电子，形成电荷，这样电荷就被储存在电池里了。当电池和外面的用电器接通，外面的电子就会源源不断地进来补充电池里的物质失去的电子。当电子补充完后，电池里的物质得到了失去的电子，它们就不带电了，也就是电池里的电用完了。这就是电池的基本作用原理。制作电池的首要要求就是，电池中的物质应该能比较容易地得到电荷，同时，在接到电路里的时候，能够很容易就得到电子。这种物质可不好找。如果试着把我们生活中经常看到的干电池拆开，就会发现里面有一些黑色的化学物质，它们就是能够轻易失去电子并得到电荷的一种氯化物。

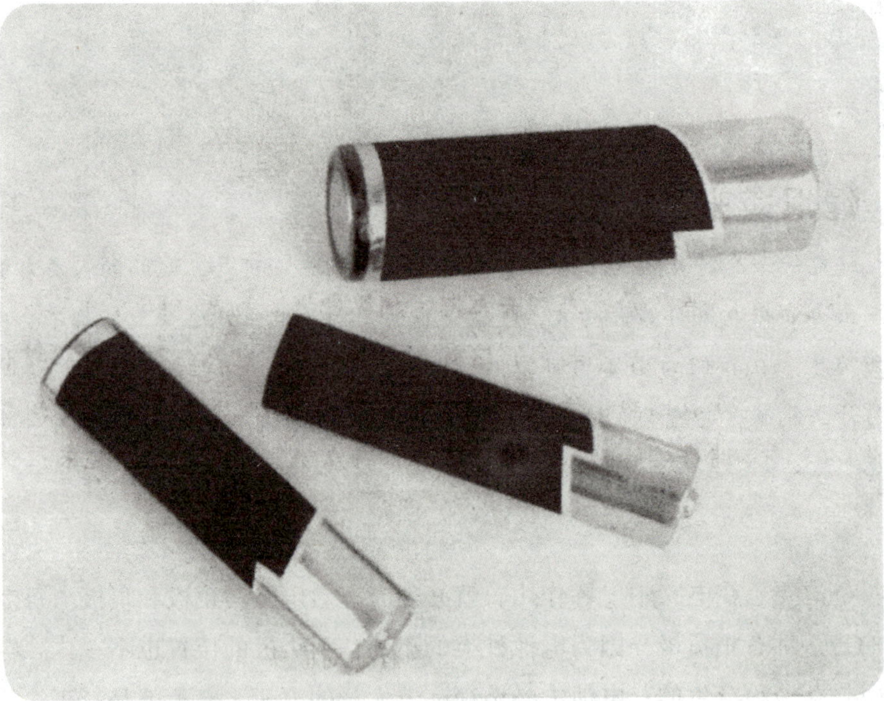

电池

视角延伸

电池的种类

电池的种类有多种多样，下面就列举几类：

干电池和液体电池它们的区别就在于电池里的填充物是固体的还是液体的。

燃烧是物体和氧气发生的强烈化学反应，燃料电池里就有氧气和容易与氧气发生化学反应的物质。通过这种物质和氧气发生的化学反应来直接放出电能。

另外，根据充当正负极和填充物的不同，电池可以分为很多种类，比如，铁镍蓄电池，其正极为氧化镍，负极为铁，电解液是碱性的氢氧化钾溶液；

镍镉蓄电池正极为氢氧化镍，负极为镉，电解液是氢氧化钾溶液。

银锌蓄电池正极为氧化银，负极为锌，电解液为氢氧化钾溶液。

另外，根据电能产生的不同，电池还有各种不同的种类。比如，太阳能电池就是用太阳能来发电的。温差电池就是通过同一电路上连接的不同金属的温度不同来产生电荷的移动。核电池就是通过让原子核分裂产生的聚变能量来发电的。在电池家族中，干电池的队伍最为庞大，仅仅锌－锰干电池一种，就有糊式锌－锰干电池、纸板式锌－锰干电池、碱性锌－锰干电池、叠层式锌－锰干电池等。

5 文学作品中的预兆
——晴天霹雳

作家们在描述宁静的生活里有灾难突然降临的时候，就会用到“晴天霹雳”这个词，那么，这个词又有怎样丰富的含义呢？下面，就让我们一起来认识一下。

娓娓道来

晴天

从科学上讲，晴天出现霹雳、雷声是不可能的。打雷和闪电是即将下雨的预兆，如果在阳光明媚的晴天里出现一声暴雷，肯定会让人惊骇不已。在文学作品里，如果作家写道，某某人遭遇了晴天霹雳，那么，可以想见，接下来他的处境一定会发生翻天覆地的变化。这个词在成人的世界里早已司空见惯，可是，你对这个词又了解多少呢？就让我们一起来认识一下这个词吧！

词典上对“晴天霹雳”的解释是晴天打响雷。比喻突然发生意外的令人震惊的事件。这个词最早出现在宋代,大诗人杨万里有一篇有名的诗《诚斋集·卷二十一·人日出游湖上》,其中写道:“平地跳雪山，晴空下霹雳。”同样，南宋的大诗人陆游在他的作品《四日夜鸡未鸣起作》中也留下了这样的句子：“放翁病过秋，忽起作醉墨。正如久蛰龙，青天飞霹雳。”其中，我们可以窥见文学家独特的精神意志。杨万里用晴天霹雳来描述一种反常的情况，而潦倒寂寞的陆游则写的是自己在喝醉之后幻想自己像蛟龙一样一飞冲天，打破沉寂的生活，重新焕发豪情壮志的愿望。但是，这两位诗人对于生活中突然发生的事件没有具体的解释，只是想象生活中的变故就好像晴天里的霹雳，后来，当这个词出现的时候，它后面一定跟着生活中实在发生的巨大灾难。

陆游塑像

视角延伸

什么是霹雳

霹雳是什么呢？我们一起来看一下。

霹雳是指又急又响的雷，是云与地面之间发生的强烈雷电现象。

而霹雳却还有很多很多其他的意思，这里把这些意思给大家列举出来。

（1）响雷，震雷

这是霹雳的最基本的含义。

（2）指人受到了极大的震撼

这是霹雳的常用的比喻义，“晴天霹雳”中的“霹雳”就是这个意思。

（3）雷击

这个意义是指雷电造成的后果。

（4）比喻突然发生

用来指预料之外的事情突如其来地降临。一般是指突如其来的灾难。

（5）形容神速

用雷电的速度形容其他物体速度快。

（6）象声词

霹雳这个词的由来就是古人对打雷声音的描述。霹和雳分开讲都没有意义，组合起来才有意义，因为这两个字放在一起就描绘出了打雷时的声响“霹雳”的一声。

（7）古星名

是天上的一个星宿。

（8）响声巨大的急雷可对人、畜、建筑物造成危害。常比喻突发事件。

6 光明的使者——电灯

娓娓道来 电灯对大家来说肯定都不陌生，我们每天都会和它们相遇，在它明亮的光芒下，我们读书、写字、看电视、上网冲浪，感到十分惬意。你能想象没有电灯的生活吗？如果大地真的变成了一片黑暗，我们将怎样来面对漫漫长夜呢？我们的前辈苦苦地在黑暗中摸索，一代又一代人走过了几千年的沧桑岁月，终于把人类的科技带到了一个前所未有的高度，于是，在一个恰当的历史时期，电灯诞生了，就让我们一起来认识一下吧！

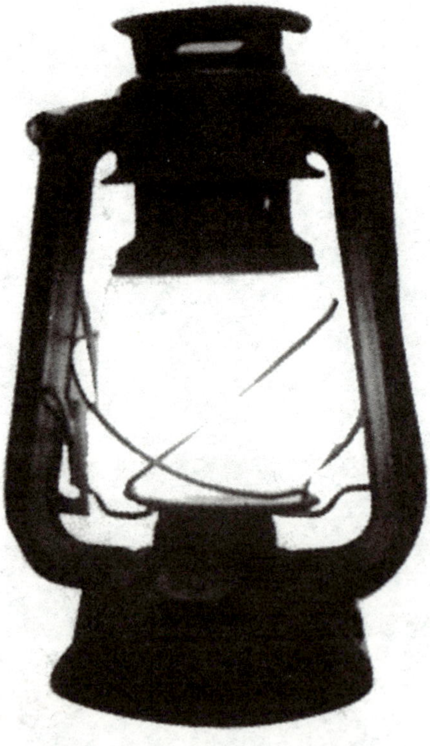
煤油灯

电灯这个字眼和发明家爱迪生的名字紧密联系在了一起。早在电灯发明之前，人们就已经在用蜡烛煤油灯来照明，这虽然使得黑夜对人们来说不再是那么可怕，可是，毕竟人类的活动还是受到了蜡烛、煤油灯的极大限制。

首先，要受到燃料的限制。煤油灯下面有一个煤油瓶，很笨重，点煤油灯的屋子也总是脏兮兮的。煤油灯的光很弱，只能照亮一个很小的空间，使用起来十分不便。其他的照明物比如蜡烛之类，使用起来还不如煤油灯方便。时间过得飞快，很快就到了爱迪生生活的19世纪。由于一代又一代人的不断探索，人类的科技已发展到了一个前所未有的高度。在19世纪，一个最大的科学成就就是人类发明了电并开始广泛使用电能。广泛使用的电能解决了困扰人类几千年的照明问题。

电灯最关键的地方就是灯丝。给灯丝通上电，灯丝就会发生化学反应，发出亮光。要找到合适的灯丝非常不容易。很多灯丝不是受不了强大的电流，就是通电后发不出亮光。爱迪生进行了成百上千次的试验，最后，他终于发现只有碳化的竹丝可以满足这个要求，人类历史上第一盏电灯诞生了。

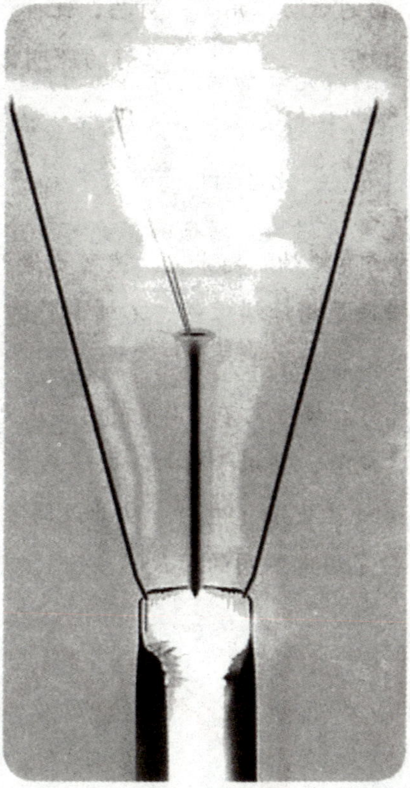

灯泡里的灯丝

人类的照明历史

最初，人类用来照明的方式仅仅是在地上燃起一个火堆。

后来，有个聪明的人从火堆中拿出了一个燃烧着的树枝，于是，火把诞生了。后来，人们把动物油涂在火把上以助燃。

接下来是豆灯,这是油灯的原型。“豆”就是一种器皿，在里面放上动物的脂肪，用草当灯芯，就可以点燃了。

然后，油灯就出现了。这是古人最好的照明方式。先开始油灯里用的都是动物油，后来改为用植物油，最后出现了煤油灯。煤油灯有灯罩,可以防止火焰被风吹灭。灯芯用的是多股棉线，比最初用的草好多了。

值得一提的还有蜡烛。蜡烛的历史可以追溯到公元前 3 世纪，最早的蜡烛是用蜂蜡做的，石蜡制作的蜡烛直到 18 世纪才开始出现并用机器大量生产。

另外还有煤气灯。煤气灯在 100 年前的英国开始出现,最初用这种灯非常危险,只用于路灯。改进后才普及。

19 世纪末，爱迪生发明了电灯，从此改写了人类照明的历史，使人类走向了用电照明的时代。

视角延伸

7 致命的刺激——电击

娓娓道来

电流具有巨大的威力，这是无可争议的事实。当强大的电流袭击生命体的时候，电击就发生了。那么，电击究竟会给人带来多大的危害呢？电击是怎么发生的呢？就让我们一起来认识一下吧！

当电流想要入侵我们的身体的时候，我们的皮肤会像盾牌一样阻止电流的进入，这就是说，我们的皮肤有一定的电阻。那么，什么是电阻呢？电阻就是用来描述一个物体对电流的阻挡作用的名词，大多数绝缘体都有很高的电阻，导体也有电阻，不过，导体的电阻相对要小很多，没有电阻的物体是不存在的。

电阻元件

如果一个物体的电阻很大，电流进入时受到很强的阻碍，就会在

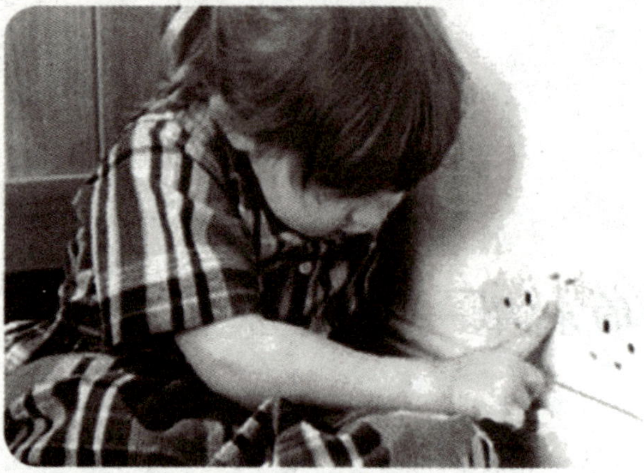
不要用湿手触碰电源开关

这个物体表面产生巨大的热量，电阻越大产生的热量越大。这样，我们就可以推想，在电流进入我们身体的时候，由于碰到了具有较大电阻的皮肤，就会在皮肤表面产生巨大的热量，这种巨大的热量可以灼烧人的皮肤，给我们带来巨大的伤害。不仅仅是灼烧皮肤，电流进入人体也会使人的身体内脏遭受很大的伤害。这就是通俗意义上的电击。

一般来说人类的皮肤有很大的电阻，但是，人的皮肤在潮湿的情况下电阻就会小很多。因此，千万不要用湿的手去接触电器或操作电路开关，这样很危险。

视角延伸

如何有效避免电击

避免电击的一个有效方法就是尽可能用绝缘的物体保护自己。带上绝缘手套就是一个有效的措施。

在生活中，发生漏电的情况很多，要极其小心。如果电器的电路老化，电流就有可能漏出，给人体带来伤害。电器的电源线外面的包层是绝缘的，如果有裂开或破损，不小心接触到里面的导线，就会造成触电。还有，如果在一次事故中，有折断的电线出现的话，那也是非常危险的，一定要离得远远的。最后，要提醒大家的是，闪电也是极其容易引发电击的。在电闪雷鸣的时候，一旦人被雷电击中，那么生还的几率几乎为零。这一方面是因为闪电所带的电能特别大，能给人带来巨大的伤害，另一方面是因为在雨中，人的身体被打湿，非常容易导电，被电击中的几率大大增加。强大的闪电突然从高空直击地面，在天空和地面之间就会形成一个闭合的电路，人如果处在这个电路之中，让雷电通过人体来传导到地面上，那么，闪电强大的电压在瞬间就会使人遭受巨大的伤害，人被雷电袭击而死的惨剧都是这样发生的。

8 人脑的对手——电脑

娓娓道来

电脑在我们日常生活中发挥着越来越重要的作用，这是有目共睹的。电脑中有很多程序，可以处理我们向电脑中输入的信息。可是，我们对电脑的了解又有多少呢？

人们对于电脑的科学定义是这样：电脑是一种能够按照程序运行，自动、高速处理海量数据的现代化智能电子设备。电脑正式的名字叫“电子计算机”，起初主要是用来计算，后来，计算机发展为可以处理各种各样的信息。计算机的基本设置是这样的，首先，要有一个输入的设备，通过它我们可以将数据输入计算机。还要有一个处理设备，对我们输入的数据进行处理、计算。然后是储存设备，可以将我们输入的数据以及计算机处理的结果储存起来。最后是输出设备，通过它我们可以很容易地看到计算机对我们输入的信息的处理结果。

计算机之所以被称为“电脑”，是因为计算机的原理和人的大脑有相似之处。那么，人脑是怎样工作的呢？首先，我们的五官收集了外界各种各样的信息，这些信息有声音、图像、气味等。这些信息通过神经系统传入大脑，大脑会对这些信息作出处理和判断。然后，大脑的反馈结果就会通过神经系统传回我们身体的相应部位，我们的身体就会在大脑的控制下作出反应。就是通过这种方式，大脑可以控制我们对外界的刺激作出反应。这和电脑的工作原理是不是很相似呢？这就是计算机被称作“电脑”的原因。

电脑可以替代人脑，机器可以替代工人在工厂里劳动。具体的做法是，将机器和电脑连接起来，这样，电脑就能控制机器的运行。按照预先设定好的程序，电脑就会给机器发出指令，“告诉”它们，什么时间该干什么，什么时间要停止。像这样控制机器的工作，如果让人去做的话，时间一长，他们就会感到单调、无聊，并且，人有的时候一时疏忽，工作中出现差错是在所难免的。而电脑就不一样。只要有源源不断的电能供给，电脑就能不知疲倦地工作下去，就算把简单的劳动重复成千上万次也不会感到无聊。这就是电脑和人脑比起来的最大的优势。还有，比如像那些计算量很大的工作，人做起来就会受不了，一旦某个数据出了小差错，那么就会造成极大的损失。但如果用电脑来做这些工作就不用担心这种事情的发生。电脑是不会“三心二意”的，它最为“专心致志”，你输入什么它就处理什么，不会发生改变，因此，电脑在日常生活中的应用越来越广泛，许多单调、庞杂、繁琐的工作都可以由电脑来完成。

视角延伸

电脑和人脑哪个更聪明？

我们经常会在电影中看到这样的情节：电脑技术的高度发展已经使电脑有了像人一样的行为能力，甚至在某些方面，电脑的行为能力比人都要强。这样，人就无法控制电脑了，电脑取代人类控制了整个世界，并开始奴役人类，人类成了电脑的附庸。这种情况是非常可怕的。难道电脑比人脑更聪明吗？世界顶级的国际象棋选手被一台电脑打败，使得更多的人相信，电脑确实是比人脑聪明。可是，他们忘了，是人脑创造出了电脑，因此还是人脑比电脑聪明。

尽管电脑可以驾驶飞机，但电脑只能按照设定的程序办事，人把可能发生的情况和解决办法编为程序放在电脑里，而一旦出现程序中没有的情况，电脑就没办法处理了，但是，我们的飞行员却能够根据具体情况来应对这种意料之外的情况。这样看来，人脑确实比电脑聪明。设计一台电脑要集中好多人的智慧才能完成，一台电脑可能看起来比某个人聪明，但是，电脑的智慧是比不上人类整体的智慧的。毕竟，是人创造了电脑而不是电脑创造了人。

9 放电的鱼——电鳗

娓娓道来

如果你有幸去南美洲旅游，并能在南美洲的亚马孙河或圭亚那河享受游泳的快乐时，你不得不提防河里的一种鱼，它就是电鳗。36伏是人体所能承受的安全电压，而它随便就可以发出650伏的电压，直接就可以把你击晕，如果不被及时救起，沉入水底，你只能去地狱里报到了。这种鱼我们真不能小瞧。

电鳗是一种南美鱼类，游起来比80岁的老太太走路都慢。喜欢呆在流动缓慢的淡水中，时常浮出水面，呼吸氧气。它身长有2米左右，像一个圆柱形，没有鳞片，全身光滑。背部黑色，腹部橙黄色，没有背鳍和腹鳍，臀鳍特别长，这可是它游泳的利器。

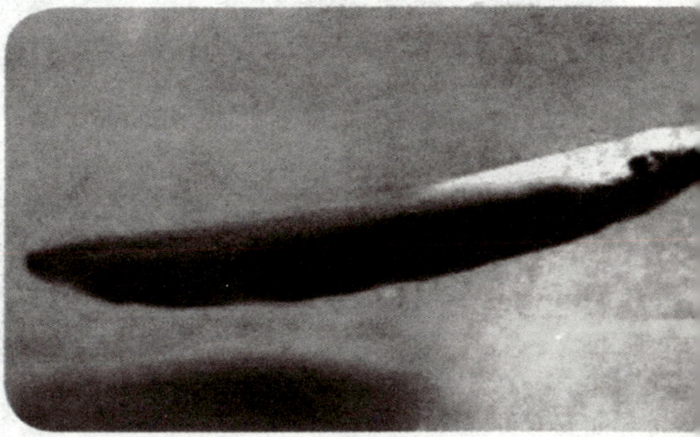

电鳗

电鳗是淡水中放电能力最强的鱼类。电鳗号称水中的“高压线”可不是个噱头。它发出的电压在 300 ~ 800 伏之间，可以轻松地击晕大型动物，如河马和水牛等。当然也有人中招，跌至水中淹死的事件。

原来电鳗的体内有许多像小型叠层电池那样的细胞，当电鳗要放电时，这些细胞就会串联起来，就如许多小电池串联起来组成一个大电池一样。这时电鳗的头部成为正极，尾部成为负极，头和尾之间产生了很高的电压，巨大的电流也就形成了。谁要是惹急了电鳗，这一电击可够它受的了。电鳗的这种放电功能主要是生存的需要，电鳗把放电作为猎取食物的工具。但是电鳗放过电后需要一段时间才能恢复原来的电力，南美的土著居民利用电鳗的这一特点，先把牛马赶到河里，让电鳗放电。这样电鳗就失去了保护自己的利器，只好成为土著居民的盘中餐。

行动迟缓的电鳗

视角延伸

电 鳐

有一种放电的鱼叫电鳐，主要分布在热带和亚热带近海，半埋在泥沙中等待猎物，没有食用价值。电鳐最大的个体可以达到2米，很少在0.3米以下。背腹扁平，头和胸部在一起。尾部呈粗棒状，像团扇。电鳐栖居在海底，一对小眼长在背侧面前方的中间。在头胸部的腹面两侧各有一个肾脏形蜂窝状的发电器。它们排列成六角柱体，叫“电板”柱。电鳐身上共有2000个电板柱，有200万块“电板”。这些电板之间充满胶质状的物质，可以起绝缘作用。每个“电板”的表面分布有神经末梢，一面为负电极，另一面则为正电极。电流的方向是从正极流到负极，也就是从电鳐的背面流到腹面。在神经脉冲的作用下，这两个放电器就能把神经能变成为电能，放出电来。

古希腊罗马人用电鳐放电治疗痛风、头痛等病症。自然界鱼类大约有300多种能产生0.2～2伏特的微弱电压，放出少量的电流。

10 防身的终极武器——电击器

娓娓道来

电击器是什么呢？就让我们一起来认识一下吧！

电击器有大有小，大的像一根棍子，小的仅仅像一支口红。电击器能在短时间内产生高电压把人击昏，因而它是一种防身的好武器。警察手里的“电棍”就是这种东西，它可以在短时间内给坏人以重大的打击和伤害。

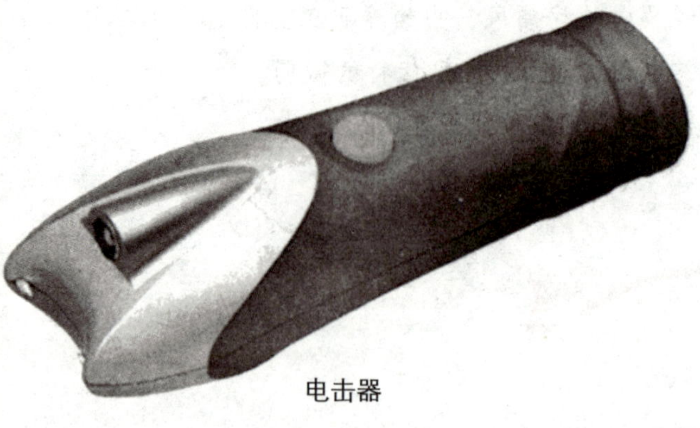

电击器

电击器的原理是怎样的呢？电击器里有很多升压装置，可以对电压作好几次升压。这些装置可以将原本很小的电压变得很高，从而快速释放出巨大的能量来袭击要对付的人。

电击器里有一个可以把直流电变成交流电的装置，这样，电击器才有可能产生出高电压。电击器最重要的一个部件就是变压器，变压器能把交流电的电压迅速升高，从而使它带有巨大的能量来袭击别人。一个完整的电击器还要有放电设备，能够轻而易举地放出高压能量。

电击器对人的震慑是很大的，人一旦被这种高电压击中，就会感到全身又痛又麻，瞬间失去反抗能力，只能乖乖地束手就擒。被电击器击中是非常痛苦的，但和其他武器不同的是，

电击器不会给人带来伤残或者后遗症。它的作用是暂时的，只是为了让人丧失进攻能力或者产生畏惧心理，从而停止对别人的侵害。电击器高的电压可达 4 万伏特，足以制服歹徒，但不会对人产生实质性的伤害。

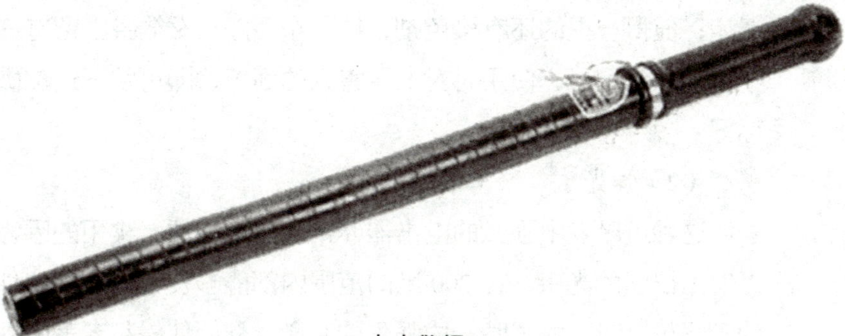

电击警棍

视角延伸

电击器的其他功能

作为一种防身武器，电击器不仅能够放出高电压袭击别人，也有其他的很多功能。下面，我们就一起来看一下吧！

（1）液体喷雾及染色功能

电击器可以散发出刺激性气味的气体，使得坏人的眼睛看不见东西，嗓子痛得咳嗽，浑身难受无比，很难再袭击别人。这种气体的有效作用时间是半个小时，使得被侵害者有足够的时间逃生，而这种用辣椒为主要原料提炼而成的化学物质，不会给侵犯者留下后遗症；值得一提的还有染色剂，这种东西能在歹徒身上留有三天洗不净的绿色记号，使用时对准侵害人的面部，即可留下追踪破案的标记。

（2）强光

这种可以发出强光的电击器非常简单、方便、实用的因为它可以射出很强的光束，在200米的范围内都能够发生作用。这种强烈的光线可以对人的眼睛造成强烈的刺激，从而使侵犯者丧失视觉，看不见东西。这样，被袭击的人就会有足够的时间逃离侵害者的控制，逃生或者求援。需要说明的是，这种致盲是暂时的，不会造成视力的伤害，过了一会儿，视力就会恢复原状。

（3）报警

这是一种间接的自卫武器，它主要是通过发出刺耳的报警声来吸引别人的注意，从而使歹徒不敢无法无天。这种电击器发出的强烈报警声可以达到 120 分贝以上，这么强大的声音足以招来邻居、行人或警察的注意，从而对歹徒造成极大的威慑，他们就会产生强烈的恐惧心理，最后，往往会使歹徒放弃犯罪行为。